언니의 메이크업은
언제나 옳다

언니의 메이크업은 언제나 옳다

1판 1쇄 인쇄 2011년 1월 21일
1판 1쇄 발행 2011년 1월 28일

지은이 박혜지 **펴낸이** 김영곤 **펴낸곳** (주) 북이십일 21세기북스
기획·편집 김정규 박영미 장보라 **편집팀장** 황상욱 **본부장** 이승현
마케팅·영업 문병구 도건홍 김정규 박민준 이총석 **디자인** (주)디자인신지
출판등록 2000년 5월 6일 제 10-1965호
주소 (우413-756) 경기도 파주시 교하읍 문발리 파주출판단지 518-3
대표전화 031-955-2100 **내용문의** 031-955-2147 **팩스** 031-955-2122
이메일 aboutbora@book21.co.kr **홈페이지** www.book21.co.kr

© 2011 박혜지

ISBN 978-89-509-2783-7   13590
값 15,000원

이 책 내용의 일부 또는 전부를 재사용하려면 반드시 (주)북이십일의 동의를 얻어야 합니다.
잘못 만들어진 책은 구입하신 서점에서 교환해 드립니다.

언니의 메이크업은
언제나 옳다

800만 네티즌의 무한 신뢰! 파워블로거 '낭만소녀'의 메이크업 대공개

박혜지 지음

21세기북스

한 권의 책 원고를 묵직하게 마무리하고 프롤로그를 쓰고 있는 나는 베스트셀러 작가도 아니고, 전문 메이크업 아티스트도 아니고, 특별히 예쁜 얼굴도 아닌 주위에서 쉽게 볼 수 있는 평범한 30대 여자이다. 이런 내가 메이크업 책을 쓴다고?

게다가 논리 정연하게 글을 써야 함은 물론 내 머릿속에 복잡하게 쌓여있는 정보들을 대방출하여 정리하는 것조차 버겁게만 느껴졌다. 그런데 이 책을 시작하고 채울 수 있었던 가장 큰 원동력은 지난 2년간 꾸려왔던 나의 블로그 덕분이었다. 블로그에 소개되는 메이크업 팁을 배워가면서 더 예뻐지고 있다는 분들을 접하면서 "내 글이 그래도 쓸모가 있는 모양이다"라는 생각이 들어서 용기를 내보았다.

많은 분들이 블로그는 어떻게 시작했는지, 어떻게 파워블로거가 됐는지 궁금해한다. 블로그를 처음 시작했을 때는 눈코 뜰 새 없이 바쁜 직장생활을 완전히 졸낸(?) 후 인터넷의 바다를 헤엄치는 시간이 많아졌고 화장품이라는 것에 흥미를 갖게 되었다. 인터넷으로 화장품을 구입하다 보니 다른 사람들의 리뷰를 참고해서 사게 되었는데 제품이 나와 맞지 않는 경우도 많았다.

그래서 나처럼 화장품 구매나 메이크업을 하는 데 있어서 실패하지 않도록 자세하고 디테일한 리뷰를 공유하고 싶다는 마음에서 시작된 블로그가 '낭만소녀의 뷰티살롱'이었다. 이곳에 올리는 메이크업 팁과 화장품 리뷰가 화장품 구매에 있어서 가이드 역할을 해줄 수 있기를 바랐다. 그리고 점점 사람들의 호응도가 높아지면서 '파워블로그'라는 타이틀을 얻게 되었다.

파워블로그가 어떻게 되는지 그 비결을 알려 달라는 분들이 굉장히 많았는데 그럴 때마다 내가 하는 한마디, "지금 하는 일을 접고 백수가 되세요!"

다른 블로거들은 어떨지 모르겠지만 나 같은 경우는 하나의 글을 올리기 위해서 기본 7시간 정도의 시간을 투자한다. 1일 1회 포스팅을 기준으로 삼았으니 최소 하루에 7시간은 투자해야 하는데 직장일과 병행하기에는 무리라고 생각한다. 그 외의 시간도 어떤 글을 올릴지 아이디어를 짜기 때문에 하루 종일 블로그 생각만 하고 산다고 해도 과언이 아니다. 블로그 운영은 그만큼 만만치 않은 일이고 꾸준함이 없으면 안 된다.

이렇게 많은 시간을 함께한 블로그에 포스팅한 글들을 다시 재정리해서 책으로 옮기는 작업이 처음에는 얼마나 막막하던지 그 부담감은 이루 말할 수 없었다. 그런데 나중에는 책 한 권을 다 채울 수 있을까 했던 걱정들이 무색하게 원고가 너무 많아 줄이기까지 했다. 쓰다 보니 알려드리고 싶은 것들이 너무 많았나 보다. 어떻게 그 많은 글을 쓰고 사진을 찍었는지 지금도 실감나지는 않는다.

　　시간이 지나면 다른 지식들이 쌓이겠지만 지금까지의 내가 알고 있는 메이크업 노하우를 모두 탁탁 털어 이 책 한 권에 다 담았다. 또한 메이크업뿐만 아니라 자신의 얼굴에 맞출 수 있고 TPO에 따라 변신할 수 있는 스타일링을 제안해서 센스 있는 이미지를 연출할 수 있게 도와드리고 싶다.

　　한결같은 자신의 이미지가 지루하다면 다양한 메이크업만으로도 청순하게, 섹시하게, 카리스마 넘치게 변신할 수 있다! 메이크업 방법만 달리해봐도 나도 몰랐던 나의 이미지를 끌어내어 팔색조 같은 여자로 거듭날 수 있을 것이다. 그리고 늘 강조하는 것이지만 메이크업은 메이크업 하나만으로는 완성될 수가 없다. 그에 어울리는 헤어와 패션을 갖춰주어야만 메이크업이 더 빛이 날 수 있다.

이 책을 읽고 난 후에 더 많은 사람들이 메이크업을 어려워하지 않고 즐기게 되었으면 좋겠고 더 예뻐졌으면 좋겠다.

마지막으로, 2년 넘게 낭만소녀라는 닉네임으로 살아가면서 지치고 게으름 피우고 싶을 때도 힘이 되어 주신 모든 블로그 이웃 분들과 이 책 때문에 고군분투할 때 격려해준 남편에게 감사드린다.

낭만소녀 박혜지

{ 언 니 의
Makeup **2** }

때와 장소에 맞게,
센스만점
T.P.O 메이크업

{ 언 니 의 **Makeup** 5 }

진짜 고수만 아는
메이크업 탑 시크릿

1. 당신을 더욱 빛나게 할 메이크업 기본기

1. 메이크업을 받쳐줄 탄탄한 **스킨케어**

메이크업 성공의 시작은 뭐니뭐니해도 스킨케어에 있다. 스킨케어를 어떻게 하느냐에 따라서 메이크업의 성패가 좌우된다. 우리 엄마 세대들의 스킨케어법을 보면 무섭다 싶을 정도로 뭔가를 많이 바른다. 스킨, 로션, 에센스, 크림 등등. 하지만 피부가 화장품을 다 흡수하지 못한 상태에서 자꾸 덧바르면 오히려 화장품끼리 더 겉돌게 된다. 그런 상태에서는 메이크업을 하더라도 오래가지 못한다.

메이크업을 잘 받쳐주는 스킨케어는 나에게 딱 필요한 화장품만 선택하여, 적정량을 사용하고, 단계별로 제품을 피부에 흡수시킬 적당한 시간을 주는 것이다. 다음의 단계를 기본으로 피부상태에 따라 한 단계 정도는 빼거나 더해 유동성 있게 스킨케어를 시작하면 되겠다.

Step 1

클렌징

클렌징에 있어서 길이길이 남을 명언, "화장은 하는 것보다 지우는 것이 더 중요하다." 정말 몇 번을 강조해도 아깝지 않은 클렌징의 중요성이다. 나는 불과 1년 반 전까지만 해도 거품 잘 나는 클렌징 폼이 최고이고 클렌징 오일 따위는 내 피부에 쥐약이라고 믿고 살아왔다. 눈과 입 전용 리무버가 있는지도 몰랐고 클렌징 폼 하나면 내 모든 메이크업을 다 깨끗이 지워줄거라 믿었을 정도로 무지했다. 물론 그때는 메이크업을 많이 하지 않았던 때라 클렌징 폼 하나로 잘 버텨왔는지도 모른다. 올바르지 않은 클렌징 방법은 피부에 해가 된다. 클렌징은 너무 못해도 노폐물이 남아 피부 트러블을 유발하고 너무 빡빡 열심히 해도 피부에 자극이 되어 트러블과 주름을 유발할 수 있다. 이래도 트러블, 저래도 트러블, 그럼 어쩌란 말이냐! 클렌징의 올바른 방법을 알아보자.

Tip box

클렌징 기본 TIP

1. 피부결을 따라 문질러라.
2. 손바닥 전체가 아닌 손가락 두 마디 정도만 이용하자.
3. 세게 문지르지 말자.
4. 한가지 클렌저를 계속 쓰는 것보다 피부 상태에 따라 바꿔주자.
5. 메이크업 정도에 따라 클렌징 방법과 제품을 다르게 정하자.
6. 마지막 세안시 물은 찬물을 사용하여 패팅한다.

피부 타입에 따른 클렌징 TIP

건성 피부

피부를 건조하게 만드는 클렌징 폼보다는 클렌징 크림, 로션, 오일을 이용하는 것이 좋고 세안 후에는 토너나 에멀전으로 수분공급을 바로 해준다. 아침엔 물 세안만 해도 무방하다.

지성 피부

T존을 특히 신경써서 클렌징하며 무거운 크림보다는 가벼운 클렌징 로션, 친수성이 좋은 클렌징 오일을 사용하고 로션이나 오일에 거부감이 든다면 친연 계면 활성제가 들어가 있는 가벼운 클렌징 폼으로 거품마사지를 해줘도 된다.

민감성 피부

클렌징 시간을 너무 오래 끌지 말고 손에 너무 힘을 주어 클렌징하지 않아야 한다. 화학 계면 활성제보다는 천연 계면 활성제가 들어간 클렌징 폼이나 천연 비누를 사용하며 손의 힘조절이 어렵다 하시는 분들은 해면, 클렌징 퍼프를 이용하여 클렌징을 해준다.

Step 2

토너

이 단계는 클렌징의 연장이라고 생각해도 된다. 화장솜에 토너를 적셔 얼굴을 닦아내면 하얗던 화장솜이 누렇게 변하는 것을 볼 수 있다. 토너는 손에 덜어 사용하는 것보다 화장솜에 적셔 닦아내는 것이 더 효과적이다. 그러나 점도가 있는 스킨 타입이 있는데 이런 제품은 화장솜보다는 손으로 사용하는 것이 더 낫다. 건성 피부는 수분력이 좋은 제품, 지성 피부는 유분을 조절할 수 있는 제품, 민감성은 진정작용이 있는 제품을 사용하는 것이 좋다. 토너를 사용하고 나면 본격적인 스킨케어를 시작할 수 있다.

Step 3

에센스

에센스 단계에서는 기능성이 강조된 제품이 많기 때문에 자신의 피부 타입과 고민을 고려해서 한두 가지 기능을 딱 집어내어 그것을 집중적으로 해결해야 한다. 미백, 리프팅, 퍼밍, 보습, 모공 등등 여러 가지를 한꺼번에 해결하려고 하지 말자. 에센스는 묽고 가벼운 텍스처이고 중요한 성분들의 고농축 아이템이어서 기능 제품으로는 피부에 전달되는 느낌이 만족스러우니 한 개 정도는 구비해 두는 것이 좋다.

Step 4

아이크림

아이크림의 효과는 있다 없다가 분분하지만 그래도 바르라고 권장하고 싶다. 눈가 피부는 연약해서 이마나 뺨보다 더 살살 다뤄줘야 하고 처지기도 쉽고 주름이 생기기도 쉽다. 나의 경우 27살 때부터 눈가 피부가 급격히 처졌다. 사실 그 전부터 눈가 노화는 시작됐던 것이겠지만. 눈가 주름을 발견하고서야 부랴부랴 아이크림을 바르기 시작했었는데 지금은 눈가가 훨씬 덜 건조해지고 다행히 눈가 주름이 더 진전되지는 않았다. 그래서 나름 아이크림의 효능을 맹신하고 있는 편이다. 비싼 것이 아니더라도 눈가 보습을 철저하게 해줄 만한 제품을 꼭 챙겨 바르길 바란다.

Step 5

크림

에센스에 비해 텍스처나 사용감이 조금은 무거운 제품이지만 요새는 가볍게 나온 제품도 많이 있다. 크림 또한 에센스와 마찬가지로 자신이 원하는 기능 한두 가지만 선택해 바르도록 한다. 그리고 피부 타입에 따라 텍스처를 잘 고려해 선택하도록 한다. 건성 피부에는 리치한 크림 타입이 지성 피부에는 가볍고 묽은 젤 타입의 크림이 잘 맞는 편이다.

,,,,,,,,,,,,,,,,,,,,,,,

Step 6

자외선 차단제

화이트닝도 안티에이징도 자외선 차단에서부터 비롯된다는 사실! 자외선은 크게 2가지로 자외선 A와 자외선 B인데 자외선 B를 막아주는 지수는 SPF, 자외선 A를 막아주는 지수는 PA이다. 그래서 SPF, PA지수가 다 표기되어 있는 자외선 차단제를 고르도록 한다. 자외선 B는 표피층에 작용하여 주근깨, 색소 침착의 원인이 되고 자외선 A는 진피층에 작용하여 피부 탄력을 떨어뜨려 주름을 유발시킨다.

대개 파운데이션이나 메이크업베이스에 자외선 차단 기능이 있어서 따로 챙겨 바르지 않는데 실제로 파운데이션에 SPF 30이라고 써져 있어도 그 기능을 다 하기는 어렵다. 제품에 적힌 SPF지수대로 효과를 내려면 대략 1g(강낭콩 2알에 해당하는 분량)을 발라야 한다. 외출 30분 전에는 발라야 자외선 차단 효과가 시작되며 눈가는 민감하므로 눈 밑 1cm까지는 남겨 두자. 그리고 얼굴뿐만 아니라 목이나 귀 뒤쪽, 팔 등등 노출되는 부위는 꼼꼼하게 바르자. 자외선 차단제는 3시간마다 덧바르는 것이 정석인데 화장한 상태에서 덧바르는 것은 무리이므로 자외선 차단지수가 있는 파우더 파운데이션을 덧바르는 것이 좋다. 단, 덧바르는 제품은 선크림과 동일한 자외선 차단 성분인지를 확인해봐야 한다. 다르면 차단 효과를 오히려 상쇄시킬 수 있기 때문이다.

자외선 차단제는 피부 흡착력이 좋아서 물로만 닦아내기 힘들다. 특히 오일막을 형성하는 물리적 차단제는 물보다는 유분에 쉽게 지워지는 성분이므로 클렌징 오일이나 크림으로 지워주는게 효과적이다. 또, 다른 제품에 비해 유통기한이 짧기 때문에 되도록이면 개봉 후 1년 안에 사용하도록 한다.

2. 모공 잡는 **프라이머**

프라이머는 피부의 모공을 메워주고 파운데이션의 지속력을 높이는 제품으로 파운데이션 전 단계에서 바르면 된다. 프라이머는 이제 귤껍질 피부 같은 모공녀들에게 없어서는 안되는 제품으로 각인되어 버렸다.

나도 한 모공하기 때문에 호기심에 안 써볼 수가 없었다. 100% 다는 아니지만 60~70%는 모공을 메워주어 엄마 뱃속에서 막 태어난 아기 피부가 된 듯한 나만의 착각에 빠지기도 한다. 하지만 이렇게 좋은 점만 있는 것은 아니다. 피부상태나 흡수상태에 따라 다음 단계인 파운데이션이 밀리는 현상이 생길 수도 있다. 이럴 때는 파운데이션을 바르기 전까지 프라이머가 충분히 흡수하도록 시간의 여유를 두는 것이 좋다. 또 모공을 꽉 메워주는 답답함 때문에 트러블을 유발할 수도 있다.

나의 경우 몇몇 제품을 사용하고 하얀 좁쌀 여드름
이 생기기도 했다. 유분기를 쪼옥 빨아들이는 느낌 때문
에 건성피부보다는 지성피부가 사용하기에 더 알맞다. 얼
굴 전체에 사용하기보다는 모공이 두드러진 부분에 국소
적으로 발라주는 것이 좋으며, 필수가 아닌 옵션 제품이
니 필요한 경우에만 바르도록 하자.

3. 메이크업의 언더웨어, 메이크업 베이스

메이크업 베이스는 피부톤을 보정해주는 파운데이션 전 단계의 제품이다. 블로그를 운영하면서 정말 많이 문의해오는 것 중 하나가 "파운데이션 바르기 전에 메이크업 베이스를 꼭 발라야 하나요? 안 바르면 파운데이션 바를 때 피부에 독이 되지 않나요?"이다. 그래서 난 메이크업 베이스는 옵션일 뿐이라고 답변해주고 있다.

메이크업 베이스는 컬러별로 파스텔빛 그린, 핑크, 블루, 옐로우, 바이올렛이 있고 피부 톤에 따라 골라 발라주면 피부결점을 보완할 수 있다. 그린은 자연스러운 피부표현에, 핑크는 화사하게, 블루와 바이올렛은 붉은기를 커버하고 화사하게 옐로우는 붉은기를 커버하고 자연스럽게 표현할 때 사용한다. 하지만 요새는 파운데이션이 정말 잘 나와 있다. 자연스럽고 화사한 피부표현, 붉

은기 커버는 파운데이션 하나로 충분한 세상이다.

컬러가 있는 메이크업 베이스보다 질감이 느껴지는 메이크업 베이스에 눈을 돌려보자. 최근 수분 베이스나 펄 베이스가 많이 출시되고 있는데 여배우들 레드카펫 아이템 1순위인 맥 스트롭 크림은 대표적인 수분 베이스로 메이크업 전, 피부를 촉촉하게 다듬어준다. 수분 베이스의 경우 파운데이션과 섞어 발라도 되는 장점이 있다. 유분기가 많은 지성 피부에게는 얼굴을 더 기름지게 하지만 가을, 겨울에 사용해주면 정말 대만족이었다.

펄 베이스는 수분 베이스의 느낌에 좀 더 펄감이 가미된 제품이다. 적절히 사용하면 도자기 피부가 될 수 있고 과하게 사용하면 사이보그가 될 수 있다는 극과 극의 사용감을 가지고 있다. T존을 중심으로 얼굴의 굴곡이 부각된 부분에 중점적으로 발라주면 되고 파운데이션 단계 이전에 단독으로 사용하거나 파운데이션과 섞어 사용하면 좋다.

4. 쌩얼 열풍! 비비크림

비비크림은 피부과 치료 후 피부 재생 및 보호 목적으로 사용하는 제품이다. 정식 명칭은 '블레미시 밤Blemish Balm'. 기본적으로 파운데이션처럼 잡티와 붉은기를 가려주고 피부 톤을 보정하는 효과를 가지고 있으면서 좀 더 가벼운 베이스 메이크업제품이다. 원래의 블레미시 밤은 밤에도 자고 바를 수 있는 것이지만 우리가 흔히 사용하고 있는 비비크림은 치료의 목적보다는 미용의 목적이 더 크기 때문에 자고 바르기엔 무리가 있다.

비비크림이 나온 초반에는 그 쌩얼 같은 효과가 달콤한 속삭임처럼 느껴졌다. 어디가서 "난 화장 안해도 이렇게 깨끗하고 예쁜 피부를 가지고 있어요."라고 눈속임할 수 있는 정도?

하지만 사용해본 결과 로드샵에서 7,8천 원 주고 사는 저렴한 제품은 그냥 파운데이션보다 가볍게 사용할 수

있는 색조 베이스라 생각하면 된다. 쌩얼 느낌을 주기에
는 좋지만 컬러가 하나로 나온 제품이 많아서 자신의 피
부톤과 안 맞는 경우가 있어 아쉽다. 그렇다고 비비크림
을 바르고 파운데이션을 덧바를 필요는 없다.

+ 투명하고 가벼운 피부 만드는
틴티드 모이스처라이저

틴티드 모이스처라이저는 로션, 베이스, 선크림, 파운데이션의
기능을 하는 올인원 제품이다. 일명 틴모라고도 부른다. 바쁜
아침시간에 유용하게 사용할 수 있는 멀티 유즈 컬러 로션인 것
이다. 파운데이션 기능까지 할 수 있다지만 커버력은 약하고 비
비크림보다 화사하며 로션의 보습력을 갖추고 있다. 어느 정도
의 피부톤 보정으로 내추럴한 피부표현을 할 수 있어 커버할 부
분이 적은 분에게 추천하고 싶다.

5. 피부미인이 되는
핵심 단계,
파운데이션

파운데이션은 피부결점을 커버하고 피부 톤을 보정하는 제품이다. 피부미인이라는 소리를 듣고 싶다면 파운데이션 사용이 적절해야 한다. 정말 중요한 단계다.

블로그 운영 중 가장 많은 문의를 받는 제품도 파운데이션에 관련된 것들이다. "제 피부는 이러이러한데 파운데이션 좀 추천해주세요." 또는 "화사한 파운데이션 추천해주세요.", "오래가는 파운데이션 추천해주세요." 등등. 결점 없고 윤기 나는 피부에 대한 관심도가 높아졌다는 증거다. 파운데이션은 브랜드마다 단계별로 컬러 밝기나 톤이 다르며 피부 타입에 따라 적절하게 사용해줘야 하기 때문에 본인에게 딱 맞는 제품을 고르기란 쉽지 않다. 다음의 다섯 가지 체크 포인트를 기억하면 파운데이션 선택에 도움이 될 것이다.

Check Point 1
자신의 얼굴색을 파악하라

사람의 피부색은 밝고 어두운 명암뿐만 아니라 쿨톤, 웜톤이라는 톤으로도 구분된다. 자신의 얼굴색은 고려하지 않고 무조건 하얗거나 무조건 어두운 색만 고르다간 어색하고 촌스러워 보일 수 있으니 계절이나 건강상태에 따라 바뀌는 자신의 얼굴색을 정확하게 파악하고 톤에 맞춰 2~3가지 색의 파운데이션을 구비해 놓는 것도 좋은 방법이다.

에스티로더나 겔랑 등의 매장에서는 피부 톤에 맞는 컬러 매칭 시스템이 있으니 그곳에서 진단 받는 것도 괜찮은 방법이다.

Check Point 2
자신의 피부 타입을 파악하라

사람의 피부 타입은 미묘하게 아주 제각각이라서 어떤 사람에게는 매우 좋은 제품이 다른 사람에게는 최악의 제품이 될 수도 있다.

자신의 피부 타입이 건성인지, 지성인지, 중·복합성인지 체크해서 파운데이션을 고르는 것은 정말 중요하다. 건성에 가깝다면 에센스나 수분이 함유된 촉촉한 제품을 고르면 좋고 지성에 가깝다면 유분이 많이 함유되지 않은 매트한 타입이나 오일프리 타입이 좋다.

Check Point 3

기호에 맞는 **텍스처**를 선택한다

파운데이션 제품의 텍스처는 나날이 진화되어 가장 흔한 리퀴드, 크림 타입이외에도 스틱 타입, 케이크 타입, 에어 스프레이 타입, 무스 타입, 파우더 타입이 있다. 자신이 사용할 때 어떤 텍스처의 제품이 편할지 고려하자.

{ **리퀴드 타입** } 가장 쉬운 텍스처이며 로션을 바르듯 가벼운 느낌을 주고 메이크업 초보자에게 적당하다.

{ **크림 타입** } 유분이 많아 건성피부에 권장. 건조한 겨울에 사용하기 좋다. 소량으로도 메이크업이 가능하며 커버력이 좋다.

{ **스틱 타입** } 휴대가 용이하고 스피디한 메이크업에 좋다. 수정화장에 좋으나 자칫 화장이 두꺼워질 수 있으니 잘 펴바른다.

{ **케이크 타입** } 리퀴드와 크림 텍스처의 중간 형태로 휴대가 용이하고 수정화장에 좋다.

{ **파우더 타입** } 파우더 대용으로도 사용가능. 파우더보다 커버력이 좋고 수정화장시에도 사용 가능하며 휴대가 용이하다.

{ **무스 타입** } 흡수력과 밀착력이 좋고 모공 커버 기능이 탁월하다.

{ **에어스프레이 타입** } 손에 묻히지 않고 바를 수 있어 사용감이 편하고 위생적이다.

Check Point 4
파운데이션 **색상명**을 파악하자!

우리나라의 경우 대부분 21호, 23호로 출시되는데 외국 브랜드의 경우에는 다양한 인종이 있다 보니 컬러 선택폭이 넓다. 그렇게 다양한 컬러에, 익숙하지 않은 이름으로 호수를 매겨 놓으니 더 고르기가 힘든 것이 당연하다. 이름이 의미하는 컬러를 파악한다면 파운데이션을 고르는 데 조금은 도움이 될 수 있다. 색상명에 베이지가 들어간다면 노란 계열, 핑크가 들어가면 붉은 계열이고, 포슬린은 희고 창백한 톤, 뉴트럴은 중간 톤, 샌드나 허니는 진하고 어두운 톤을 의미한다. OC, PK로도 표시되는데 OC는 노란기가 있는 베이지 톤, PK는 붉은기가 있는 베이지이다. 이것은 밝기가 아니라 색감의 차이이고 뒤에 붙는 숫자로 밝기를 확인해야 한다. 또 NC는 쿨 톤, NW는 웜 톤에게 맞는 컬러이고 뒤에 붙는 숫자로 밝기를 선택한다.

Check Point 5
정확한 **테스트**를 하자!

파운데이션 테스트는 손등에 많이 한다. 또 무심결에 파운데이션뿐만 아니라 기초 제품들도 손등에 많이 하게 된다. 심지어 매장직원의 손등에 테스트된 것을 보고 구입하는 경우도 있다. 하지만 이는 절대 금물이다. 얼굴색에 맞는 파운데이션을 고르려면 반드시 얼굴에 테스트를 하고 메이크업을 했을 경우에는 턱선에 발라 테스트 하면 된다. 한 가지 컬러보다는 3~4가지 정도의 색상을 나란히 발라 비교하고 가장 자연스러운 느낌의 색상을 고른다. 그리고 매장의 조명보다는 햇빛아래에서 자연스러운 느낌을 주는 색상이 자신에게 맞는 컬러이다. 지속력이나 다크닝도 테스트해볼 겸 귀찮더라도 매장에서 테스트한 후 몇 시간 돌아다닌 다음에 구매하도록 하자.

파운데이션 어떻게
바를까?

파운데이션을 바를 때는 얼굴 안쪽에서 바깥쪽으로 피부결에 따라 바르는 것이 정석! 볼에 먼저 발라주고 턱, 이마, 코의 순서로 발라준다. 손으로 바를 경우 적당량을 도포해 얼굴에 펴 바른 다음 두드려서 밀착시킨다. 스펀지로 바를 경우 손등에 파운데이션을 덜어 놓고 스펀지에 묻혀가면서 펴 발라준 후 두드려서 밀착시킨다.

스펀지는 사용하기 전 물에 적셔 꼭 짜준 다음에 사용하면 발림성이 더 좋다. 브러시로 바를 경우 손등에 파운데이션을 덜어 놓고 브러시에 묻혀 바르며 브러시 자국이 남으면 브러시 방향을 반대쪽으로 향하게 발라주고 그래도 남으면 손이나 스펀지로 두드려서 자국을 없애준다. 파운데이션을 바르기 전, 브러시에 스킨이나 미스트를 뿌려 촉촉하게 만들어주면 발림성이 더 좋고 윤기가 더해진다.

파운데이션 바르는
도구별 장단점

{ 장점 | 단점 }

손

¤ 항상 휴대할 수 있고 영구적이며 돈이 들지 않는다.

¤ 손의 체온 덕분에 밀착력이 좋다.

¤ 고르고 균일하게 바르기 어렵다.

¤ 손에 묻어나 지저분해진다.

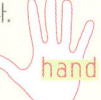

¤ 화장이 뭉치거나 밀릴 수 있다.

¤ 사용 직후 세척을 해주어서 몇 번 더 사용하고 버려야 하는 반영구적인 성격을 가지고 있다.

브러시

¤ 얇고 가볍고 투명하게 표현하기 좋다.

¤ 스펀지에 비해 오랜기간 사용할 수 있다.

¤ 피부를 광택 있게 표현할 수 있다.

¤ 테크닉이 미숙하면 브러시 자국이 날 수도 있다.

¤ 스펀지에 비해 가격이 비싸다.

¤ 사용 직후 세척을 해주어야만 한다.

¤ 커버력이 낮게 표현된다.

스펀지

¤ 고르고 균일하게 바르기 좋다.

¤ 밀착력이 좋고 커버력 있게 바를 수 있다.

¤ 브러시에 비해 가격이 싸다.

¤ 스펀지가 파운데이션을 흡수하기 때문에 손이나 브러시를 사용할 때보다 파운데이션의 양이 많이 소모가 된다.

6. 피부결점 지우개,
컨실러

컨실러는 다크서클, 잡티, 점, 붉은기, 푸른기들을 부분적으로 커버하는 제품으로 파운데이션 전 혹은 다음 단계에서 바른다. 컨실러는 다크써클이 배꼽까지 내려왔을 때, 여드름의 붉은 흔적과 잡티들이 얼굴에 땡땡이무늬처럼 보일 때 필요하다.

컨실러로 얼굴의 그늘진 부분이나 잡티를 커버해줄 경우 전체적인 피부 톤이 굉장히 맑고 밝아보이고 깨끗해보이는 장점이 있다. 하지만 두껍게 바르면 피부표현이 어색하고 화장이 두꺼워 보일 수 있어 사용이 그리 쉽지만은 않다.

그리고 컨실러가 피부의 결점들을 모두 완벽하게 커버하는 해주는 것이 아니니 과하게 사용할 필요는 없다. 조금씩 얇게 여러 번 덧바르면서 피부에 밀착시키는 것이

중요하다.

　덧바른 후, 가장자리는 컨실러 브러시를 사용하여 잘 펴발라준다. 컨실러 브러시가 없다면 안 쓰는 립 브러시도 괜찮다. 잘 펴바른 후에는 투명한 루스 파우더를 발라 컨실러 바른 부위를 고정시켜 지속력을 높인다. 파우더를 바른 후에 컨실러를 살살 펴 발라도 고정력이 높아진다. 그리고 컨실러는 파운데이션과 마찬가지로 피부톤이나 컬러에 따라 까다롭게 선택해야 한다. 컨실러는 리퀴드, 스틱, 크림, 펜슬 타입이 있으니 커버할 부위나 피부 타입에 따라서 고르도록 한다.

스틱 타입

크림 타입

펜슬 타입

리퀴드 타입

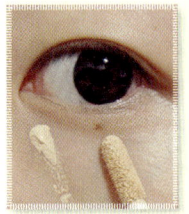

리퀴드 타입

스틱 타입

펜슬 타입

크림 타입

{ **리퀴드 타입** } 다크서클을 커버하는 데 효과적이고 가볍다. 펄감이 가미된 제품은 빛에 반사되어 눈가를 더 밝게 보이게 해준다. 푸르딩딩한 다크서클엔 보색인 노란색, 울긋불긋한 다크서클은 페일한 핑크색을 고르도록 한다. 눈가는 예민한 곳이어서 너무 건조한 제품을 사용하면 눈가의 주름을 더 도드라지게 하고 눈가에 맞지 않은 컬러를 사용하면 눈가만 동동 떠보인다. 다크 서클은 맨날 같은 컬러로 지속되는 게 아니라 피부나 건강상태에 따라 시시 때때로 달라지기 때문에 전용 컨실러를 1~2개 정도는 구비해 두는 것도 좋다.

{ **스틱·펜슬 타입** } 리퀴드 타입보다 두껍게 발리고 점이나 미세한 잡티 같은 국소적인 부위를 커버하는 데 효과적이며 휴대성이 좋다. 매트하기 때문에 넓은 면적보다는 좁은 면적에 주름이 덜 생기는 부위에 바르는 것이 좋다. 점이나 잡티는 피부톤과 동일하거나 살짝 어두운 컬러를 바르고 커버할 경우 파운데이션 톤에 맞춰도 좋다.

{ **크림 타입** } 넓은 면적을 커버할 수 있다는 장점이 있다.

{ **파우더 타입** } 가루라서 잘못 발라도 티가 많이 나지 않으면서 균일하게 피부에 발린다.

컨실러 어느 부위에
바를까?

다크스팟, 점, 트러블 흔적들은 개인에 따라 커버해야 할 부분이 다르지만 공통적으로 커버해야 하는 부위가 있다. 눈꼬리, 눈 옆쪽, 눈가 아래, 콧망울 옆쪽은 컨실러로 커버해주는 것이 좋다. 눈 주변의 칙칙한 부분을 커버해주면 전체적으로 인상이 밝아 보이고 아이 메이크업이 더 돋보일 수 있다. 콧망울은 대개 간과하는 경우가 많은데 붉은기가 많이 돌아서 꼭 커버해주어야 하는 부분이다. 시간이 지나면 유분에 의해 콧망울 부분이 잘 지워지므로 크림이나 스틱 타입의 컨실러를 휴대하여 수정해주는 것이 좋다.

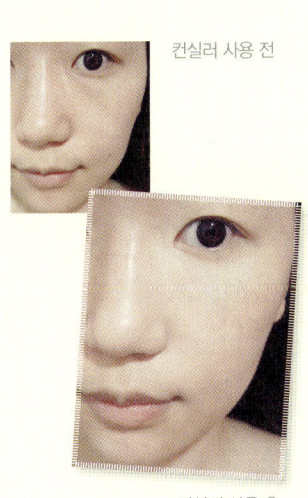

컨실러 사용 전

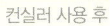

컨실러 사용 후

7. 국민 화장품, 파우더

파우더는 유분감 조절, 산뜻한 피부의 마무리감을 위한 제품이다. 파우더 하나쯤 안 가지고 있는 여자는 없을 것이다. 하지만 몇 년 전부터 물광피부, 윤광피부가 뜨면서 파우더에 대한 존재감이 낮아지기 시작했다. 파우더의 보송보송함으로는 물광피부를 따라갈 수 없기 때문이다. 그래도 모두들 하나씩은 가지고 있는 아이템! 파우더의 가장 큰 장점은 앞서 진행했던 파운데이션까지의 단계를 딱 잡아 마무리해서 화장의 지속력을 높여준다는 것이다. 파우더는 파운데이션과 마찬가지로 피부 톤에 따라 골라 줘야 하고 또 피부 타입도 고려해야 한다.

지성 피부인 나는 파우더를 사용하지 않은 지 한 6개월 정도 되었다. 지성 피부도 잘만하면 파우더를 끊을 수 있다. 그렇다고 파우더를 아주 사용하지 않는 것은 아니고 여름에 수정 메이크업용으로 가끔 사용하는 정도다. 이는 파운데이션의 질감이 매트하게 마무리되어 파우더를 굳이 바르지 않아도 부담이 없기 때문이다. 그렇지만 아직도 갖고 있는 파우더만 5개이다. 이제 파우더도 필수가 아닌 옵션이니 메이크업 방법이나 계절에 따라 과감히 파우더를 생략하기도 하자.

건성 피부

파우더는 대개 피부를 건조하게 만들기 때문에 건성 피부는 가급적 사용을 안 하는 것이 좋고 수분함량이 많은 제품들, 모이스춰라는 수식어가 붙는 파우더를 사용하거나 미네랄 파우더를 사용하면 낫겠다. 퍼프로 바르는 것보다 브러시로 가볍게 쓸어주는 것이 좋다. 건조함이 훨씬 덜하면서 파운데이션의 끈적임을 줄여줄 것이다.

지성 피부

지성 피부의 번들거림을 해결해주는 것이 이 파우더이다. 쉽게 번들거리고 피지가 나오는 지성 피부는 파우더의 피지조절 기능을 확인한다. 퍼프에 고루 묻혀 꼼꼼히 발라주되 두껍게 바르는 건 말아야 한다. 유분이 집중적으로 나오는 T존은 퍼프로 눌러주고 그외 부위는 브러시로 가볍게 사용하면 얇고 투명한 메이크업을 할 수 있다.

8. 발그레한 볼 만들기
블러셔

블러셔는 얼굴에 생기를 불어넣어주는 색조제품이다. 블러셔로 터치하는 순간 수줍게도, 발랄하게도, 지적으로도 보이면서 자신의 개성을 더 부각시킬 수도 있다. 그런데 이 좋은 것을 "내가 하면 불탄 고구마가 된다."며 블러셔 사용을 피하는 분들이 많다. 하지만 얼굴 톤에 따라 얼굴형에 따라 터치해주고 그 변화를 느낀다면 절대 블러셔를 놓치 않을 것이다. 블러셔는 자신의 피부색이 가장 넓은 볼 부분에 바르는 것이기 때문에 피부색을 고려하지 않을 수 없다. 노란기가 있는 얼굴은 연한 오렌지, 코랄, 살구 빛의 컬러를 선택하고 창백한 얼굴은 화사하고 옅은 핑크, 코랄 계열, 붉은기가 있는 얼굴은 브라운 계열, 피부톤이 어두운 얼굴은 브론즈, 브라운 계열을 선택하도록 한다.

블러셔 어디에 어떻게
바를까?

블러셔는 바르는 위치에 따라 이미지가 달라질 수 있다. (아래 이미지 참고)

1. 볼 부분보다 더 높은 위치인 광대뼈 부분을 중심으로 발라주면 발랄한 느낌을 줄 수 있다.

2. 얼굴 옆면과 볼 안쪽까지 이어 'ㅓ'자 형태로 발라주면 어색함이 덜하고 가장 무난하게 소화할 수 있다.

3. 볼 안쪽, 웃었을 때 동그랗게 도드라지는 부분을 중심으로 동그랗게 바르면 귀엽고 어려 보인다.

4. 볼 바깥쪽에서 안쪽으로 사선으로 터치하게 되면 얼굴이 날렵해 보이면서 강렬해 보이는 인상을 줄 수 있지만 광대뼈가 도드라져 보일 수 있기 때문에 광대뼈가 돌출된 분들은 삼가한다.

다양한 **블러셔**의 종류

블러셔도 다양한 종류가 있다. 자신의 메이크업
스타일에 따라 원하는 것을 고르도록 한다.

스틱 타입   틴트 타입   가루 타입

파우더 타입

크림 타입

{ **스틱 타입** } 파운데이션을 바른 직후에 바르
고 볼에 톡톡 찍어준 다음 손으로 펴발라준다.
건조하지 않고 색표현이 잘 되지만 베이스 메
이크업이 뭉치고 밀릴 수 있으니 손놀림을 잘
해주어야 한다.

{ **파우더 타입** } 발색력도 무난하고 컬러도 무
궁무진하고 가장 많이 애용되고 있는 타입이다.
브러시나 퍼프를 꼭 필요로 해서 귀찮기도 하다.
브러시 내장형의 블러셔는 휴대가 간편하다.

{ **크림 타입** } 크림 타입도 손가락으로 찍어 얼
굴에 펴 발라주어야 하고 손놀림이 중요하다.

뭉치고 얼룩덜룩해 보일 수 있으므로 얇게 여
러 번 덧발라 그라데이션해준다.

{ **가루 타입** } 요새는 퍼프일체형으로 나와 사
용이 정말 간편하다. 퍼프가 동글동글하고 볼
터치 모양도 예쁘게 나와서 메이크업 초보자
에게 추천한다. 브러시가 없는 파우더 타입보
다 휴대도 용이하다.

{ **틴트 타입** } 입술과 같이 사용할 수 있는 틴
트 타입은 내추럴한 홍조를 만들어주기에 좋
다. 역시 얼룩덜룩하지 않게 손으로 잘 펴 발
라줘야 하는 것이 중요하다.

블러셔의 텍스처

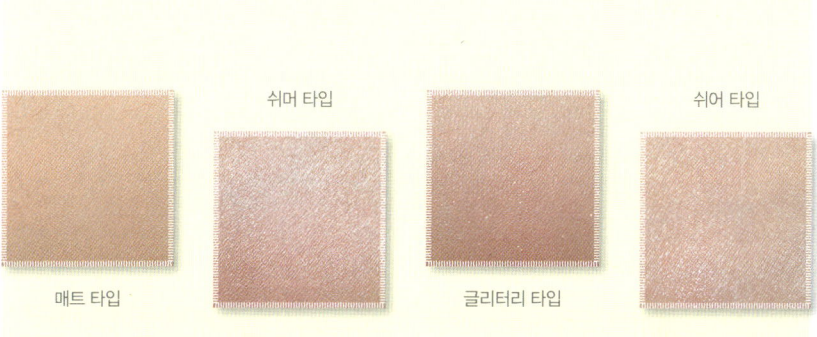

쉬머 타입

쉬어 타입

매트 타입

글리터리 타입

{ **매트** } 매트한 타입은 펄이 없고 보송보송해 보인다. 건조한 피부에 바르면 텁텁하고 두터 워 보이므로 피한다.

{ **쉬머** } 쉬머한 텍스처는 광택이 좋고 피부가 맨질맨질해 보이는 효과가 좋다.

{ **글리터리** } 펄감이 두드러진 텍스처로 화려 해보인다.

{ **쉬어** } 틴트나 스틱 타입을 사용할 때 느낄 수 있는 얇고 가볍고 투명한 텍스처로 자연스 러운 느낌을 줄 수 있다.

9. CD만 한 얼굴을 위한 셰이딩 파우더

셰이딩 파우더는 얼굴을 작고 뚜렷하게 보이게 하는 제품이다. 대부분의 얼큰녀들은 얼굴을 가리기에 급급하다. 머리카락으로 가리고 안경으로 가리고.

사실 나도 조금이라도 얼굴을 작게 보이기 위해 앞머리를 계속 고수하고 있는 중이다. 바람이 세게 불어 머리카락을 다 젖혀 버리는 날엔 누가 볼까봐 시급히 머리카락을 추스리곤 한다. 특히나 얼굴이 하얀 편이어서 더 동글동글하고 평면적으로 보이는 기분이 든다. 그럴 때 셰이딩 파우더를 발라주면 얼굴이 축소되어 보이고 코가 오똑해 보이는 효과를 줄 수 있다. 얼굴에 음영을 주어 들어갈 때를 더 들어가 보이게 하는 것이다. 과하게 터치하여 경계가 생기거나 셰이딩 위치가 잘못되면 오히려 얼굴 라인이 틀어져보이고 어색할 수 있으니 위치를 잘 선정하도록 하자. 셰이딩은 용량조절이 필수이다. 티가 안나는 것 같다고 덕지덕지 바르면 야외에서 볼 때 티가 많이 나고 얼굴이 더 칙칙해보일 수 있으니 너무 욕심내지 않아야 한다.

셰이딩 어디에 어떻게
바를까?

셰이딩은 메이크업 초보자들에겐 참 어려운 일인 것 같다. 나도 처음엔 감히 시도조차 하기 어려웠다. 하지만 은근하게 잘만 해주면 나도 조금은 얼큰이에서 벗어날 수 있을 것 같은 자신감이 든다. 셰이딩을 할 수 있는 부위는 이마 바깥 라인, 턱선에서 관자놀이까지의 라인, 광대뼈, 코 옆, 얼굴과 이어지는 목과 귀 주위. 이마는 머리카락 안쪽까지 자연스럽게 둥글리면서 셰이딩을 넣어주고 광대뼈도 있는 부분도 사선으로 넣어준다. 이때 너무 강하게 하면 구렛나루 같으니 손의 힘조절이 중요하다. 그리고 턱선은 물론 귀와 턱 아래, 목까지 자연스럽게 이어진 느낌으로 넣어준다. 얼굴 옆면만 어둡고 귀와 목이 하얗다면 웃음거리가 될 수 있으니 주의한다. 코 옆 부분을 가볍게 셰이딩할 경우에 콧대가 높아보일 수 있다. 브러시에 셰이딩 파우더가 너무 많이 묻어 있으면 얼굴에 짙게 발색될 수 있으시 브러시에 묻은 파우더를 손등에 살짝 털어주고 얼굴에 터치하는 것이 좋다.

펄감이 있는 제품보다는 매트한 느낌의 파우더 타입이나 자신의 피부 톤보다 한 톤 어두운 파운데이션을 사용하여 자연스러운 음영을 주도록 해야 한다. 얼굴형에 따라 셰이딩 하는 부분을 조절하는 센스도 필요하다. 예를 들어 전체적으로 각진 얼굴은 얼굴 라인을 보완하고 긴 얼굴이면 이마와 턱라인을 보완하는 등의 융통성이 있어야 한다.

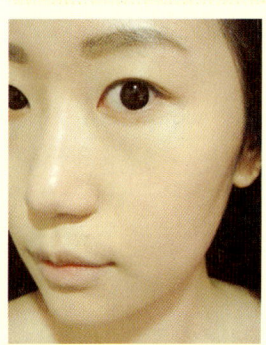

셰이딩 전

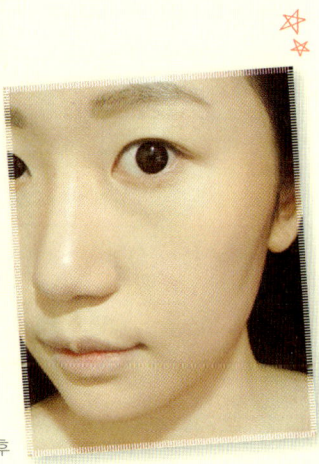

셰이딩 후

셰이딩 전, 후를 보면 콧대와 얼굴 옆면이 굴곡져 얼굴을 더욱 입체적으로 보이게 한다.

10. 광 나는 피부의 비밀, 하이라이터

하이라이터는 얼굴을 볼륨감 있고 광택 있어 보이게 한다. 난 이마가 볼록하지도 콧대가 높지도 않아 내 얼굴 중에서도 가장 큰 콤플렉스였다. 하지만 하이라이터를 사용하고부터 메이크업할 때만큼은 나도 콧대높고 이마가 빵빵해진 것 같아 뿌듯하다. 하이라이터는 펄감을 잘 확인하고 너무 크게 두드러지지 않는 것이 얼굴에 튀지 않아 좋다. 그리고 메이크업 방법에 따라 다양한 종류의 하이라이터를 사용하도록 하자.

하이라이터 종류

{ **파우더 타입** } 가장 일반적인 하이라이터. 브러시를 사용하여 얼굴에 터치하면 된다. 자연스럽고 가볍게 표현되지만 너무 과하게 하면 텁텁하고 두꺼워 보인다.

{ **크림 타입** } 크리미한 느낌으로 피부 밀착력이 좋고 별 다른 도구 없이 손가락만으로 사용해서 편하다. 손가락을 사용하기 때문에 제품에 위생상의 문제를 끼칠 수 있다.

{ **리퀴드 타입** } 액체 타입으로 파운데이션과 비슷한 질감을 가지고 있어 파운데이션과 섞어 사용하거나 단독으로 사용하면 촉촉한 물광피부를 표현할 수 있다. 자연스러운 광택에 좋지만 자칫 다크닝이 생길 수도 있다.

하이라이터 어디에
바를까?

하이라이터는 T존에 해당하는 이마와 콧등, 입술 위 인중, 턱, 눈썹뼈, 광대뼈에 발라
주면 된다. T존에 바를 때는 정말 딱 T자를 만들지 말고 T자의 느낌으로 자연스럽게
그러데이션해주고 눈썹뼈 부분은 얼굴이 되려 커보일 수 있으니 너무 도드라지지 않
도록 길게 바르지 않는다. 그리고 광대뼈나 턱이 과도하게 튀어나왔다 하는 분들은
광대뼈와 턱부분의 하이라이터를 생략해도 된다.

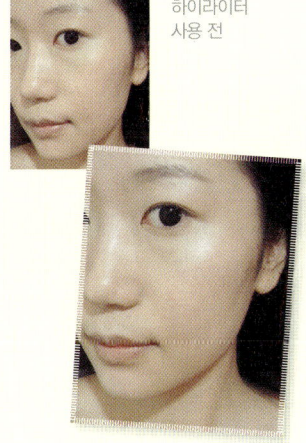

하이라이터
사용 전

하이라이터 사용 후

하이라이터 사용 후에
얼굴의 볼륨감이 더 살아난다.

11. 깊이 있는 눈매를 완성하는 아이섀도우

아이섀도우는 눈 전체에 컬러감을 주는 제품이다. 개인적으로 색조 메이크업 중 가장 좋아하는 아이템이 아이섀도우이다. 섀도우는 어떤 색을 매치하느냐에 따라 아이 메이크업의 완성도가 결정된다. 그리고 화장을 손쉽게 하려면 싱글섀도우보다는 팔레트 타입을 구입하는 것이 편리하다. 이렇게 팔레트류를 구입할 때는 겹치는 색이 있는지 잘 따져봐야 하는 번거로움은 있다. 그래도 팔레트 안에 있는 색대로 블렌딩해서 사용하면 쉽게 눈을 장식할 수 있다.

좀 더 내공이 쌓이면 싱글 섀도우를 조합해서 사용하자. 아이섀도우의 종류도 다양하므로 자신의 손에 더 익숙한 제품을 시작으로 다양한 종류를 섭렵하는 것도 아이섀도우 테크닉을 익히는 데 도움이 된다.

아이섀도우 종류

{ **파우더 타입** } 가장 기본적이고 일반적인 타입. 옅은 컬러는 브러시로 발라주고 진한 컬러는 스펀지 팁으로 발라야 발색력 있게 표현할 수 있다.

{ **크림 타입** } 예전에는 크림 타입을 사용하면 크리즈(쌍꺼풀 라인에 경계가 생기는 현상)가 생겨 지저분하게 보이게 되었는데 요즘엔 크리즈 걱정이 없게끔 개발이 되어 파우더타입과 더불어 큰 사랑을 받고 있다. 좀 더 매끈하고 광택력이 있다.

{ **가루 타입** } 피그먼트라고 불리우는 제품이 큰 인기인데 발색력이 굉장히 좋다. 브러시나 팁보다는 손가락 사용이 가장 편하다.

{ **리퀴드 타입** } 액상 섀도우도 피부 밀착력이 좋고 발색력도 좋고 내장 팁이 들어 있어 편하지만 크리즈가 생길 수도 있으니 잘 체크해봐야 한다.

아이섀도우 텍스처

아이섀도우에는 다양한 텍스처가 있는데 메이크업에 따라 텍스처를 골라 바르도록 한다.

{ **쉬머 타입** } 가장 무난한 텍스처로 그러데이션이 잘 되고 눈매가 촉촉해 보이는 느낌이 든다.

{ **매트** } 홑꺼풀인 눈매에 잘 어울리는 텍스처이지만 다른 텍스처에 비해 화려함이 적다.

{ **메탈릭** } 광택이 좋고 화려하고 발색이 좋다.

{ **글리터 타입** } 색감보다는 펄감이 두드러지고 화려함이 좋다.

쉬머   매트

메탈릭   글리터

+ 눈화장 오래오래 잡아 두는 아이 프라이머

아이섀도우는 크리즈가 생기고 아이라이너는 번져서 섀도우인지 라이너인지 분간이 안 갈 정도로 아이 메이크업의 지속력이 떨어지는 분들은 아이 프라이머에 주목하라. 눈화장이 오래 가지 않는다면 아이 메이크업을 하기 전 아이 프라이머를 미리 발라주고 시작하는 게 상책이다. 지성 피부인 나는 눈두덩이까지 유분이 많아서 프라이머를 꼭 써주는데 사용하지 않은 날은 금방 티가 날 정도로 지저분해진다. 아이 프라이머는 아이섀도우를 고정시켜주어 오래 지속하게 해주고 번짐을 막아준다. 또 눈가주름을 커버하는 데에도 좋다.

12. 잘만 그리면 효과는 백 배, 아이라이너

아이라인은 눈을 또렷하게 하고, 처진 눈을 올라가게도 치켜올라간 눈매를 순하게 보이게도 하는 힘을 가지고 있다. 드라마에서 앙칼진 캐릭터의 배우들 대부분이 눈꼬리가 올라간 것을 볼 수 있다. 그 눈매 하나만으로 "저 여자는 악녀구나!"라는 것을 대번에 짐작할 수 있다. 작은 부분이지만 이렇게 얼굴의 이미지를 한번에 바꾸는 능력이 있기 때문에 아이라인은 잘 그려야 한다. 하지만 아이라인 그리기를 어려워하는 사람들이 정말 많다. 민감한 눈가 근처에 그리는 것이기 때문에 더더욱 그런 것 같다. 아이라인을 잘 그리기 위해서는 자신에게 익숙하고 편한 아이라이너를 골라 테크닉을 익히는 게 좋다.

아이라이너 종류

{ **펜슬 타입** } 색연필처럼 색깔별로 있어 아이 섀도우 컬러와 맞추기에도 좋고 아이라인 그리기에도 쉬운 편이다. 번짐이 있다는 단점이 있다.

{ **젤 타입** } 펜슬 타입에 비해 컬러가 다양하지는 않지만 새로운 컬러들이 속속들이 출시되고 있다. 리퀴드 타입에 비해 덜 인위적이고 펜슬 타입에 비해 번지지 않는다는 것이 장점. 하지만 브러시라는 도구가 꼭 필요하다.

{ **리퀴드 타입** } 번짐이 적고 브러시가 내장되어 있어 사용이 간편하지만 잘 그리지 못하면 어색해 보이기 쉽다.

{ **붓펜 타입** } 작은 서예붓처럼 생겨 사용이 쉽고 편해서 아이라인 초보자들이 사용하기에 좋다. 번짐이 있고 리퀴드나, 젤 타입에 비해 덜 또렷하다는 단점이 있다.

아이라이너 텍스처

{ **매트** } 또렷한 눈매를 표현하기에 좋지만 심심한 느낌이 든다.

{ **쉬머** } 미세한 펄감이 가미되어 매트 타입보다는 더 멋스럽고 눈가가 돋보인다.

{ **메탈릭** } 주로 펄감 위주의 제품이라 색감보다는 반짝임이 우선이며 눈물효과 주기에 좋다.

{ **글리터리** } 굵은 펄감이 두드러져서 언뜻언뜻 비치는 반짝임이 매력적이다.

매트   쉬머

메탈릭   글리터리

아이라인 그리기

아이라인은 얼마나 점막 쪽 속눈썹 사이사이를 잘 메우고 적당한 두께로 그리느냐가 관건이다. 눈을 떴을 때 점막이 하얗게 보여 블랙 라인 밑에 화이트 라인을 한번 그린 것처럼 텅 비어 보이면 눈이 정말 어색해 보이니 주의한다.

1. 첫 번째로 거울을 볼 때 턱을 들고 눈을 아래로 내리깔아준다. 도도하고 거만하게! 그런 다음 눈썹뼈나 눈두덩이 부분을 손가락으로 들어 올려 점막이 살짝 보일 정도로 눈꺼풀을 당겨주고 라인을 그리기 시작한다.

2. 속눈썹 라인 중앙에서 끝쪽으로 먼저 그린다. 라인은 한번에 쭈욱 그을 생각하지 말고 점선을 찍듯이 속눈썹 사이사이를 채워주면서 라인을 이어나간다. 아이라인을 그릴 때는 느긋하게 그려야 한다.

3. 눈 앞꼬리 쪽을 그릴 때는 고개를 반대쪽으로 꺾어 거울을 째려보듯이 봐주면 앞꼬리 안쪽이 보인다. 그럼 안쪽의 라인을 그려주고 앞쪽에서 중앙까지 점선 찍듯 이어나가 먼저 그린 뒷라인과 자연스럽게 이어준다.

4. 마지막으로 그날 할 메이크업 방법에 따라 눈꼬리를 선택한다. 눈꼬리를 날렵하게 빼주려면 눈꼬리를 손가락으로 당겨 팽팽하게 해준 다음 끝으로 갈수록 힘을 점점 빼면서 그려준다.

같은 눈인데 아이라인을 한 것과 하지 않은 것의 차이가 확연히 느껴진다. 그래서 아이라인은 나에게는 더 이상 선택이 아닌 필수가 되어버렸다. 일반적으로 평범하게 할 때는 앞과 같이 그리고 자신의 눈매에 따라서 눈꼬리는 더 조정하면 될 것이다. 아이라인 그릴 때 꼭 기억할 점은 라인 그릴 때 시선을 잘 바꿔줘야 속눈썹 사이사이를 꼼꼼하게 채울수 있다는 것이다.

아이라인이 번지지 않게 하는 간단한 방법

아이 프라이머를 사용한다. 아이 프라이머는 아이섀도우뿐만 아니라 아이라이너가 픽스되는 데에도 도움을 준다. 또는 아이라이너를 그린 뒤 그 위에 아이섀도우를 덧바르자. 그러면 아이라인이 유분과 접촉할 확률이 적어 번짐이 줄어들 수 있다.

언더라인 그리는 법

언더라인 그릴 때는 턱을 숙이고 눈가를 아래로 당겨 점막 안쪽이 잘 보이게 해준 다음 그린다.

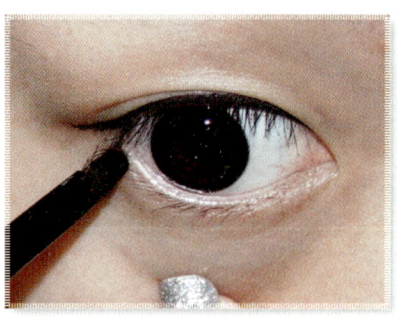

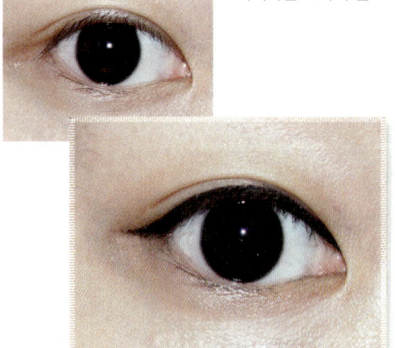

아이라인 그리기 전

아이라인 그린 후

13. 길고 아찔한 속눈썹을 위한 마스카라

아이라이너가 눈을 또렷하게 보이게 한다면 마스카라는 눈을 커 보이게 한다. 여자의 자존심은 하이힐과 아찔하게 올라간 속눈썹이 아니겠는가? 속눈썹의 고개가 올라가고 내려가고에 따라서 눈이 달라 보인다. 축 아래로 뻗어버린 속눈썹은 눈동자를 가려 눈을 더 작고 답답하게 만든다. 하지만 마스카라를 사용해 속눈썹의 모가 굵고 짙어지고 위로 바짝 올라간다면 눈동자의 면적이 더 잘 보여 눈이 기 보이는 데 한몫할 것이다. 그리고 여성스러워 보이는 데도 딱이다.

마스카라는 속눈썹의 모를 짙고 굵게 만드는 볼륨감, 길이를 길게 만드는 롱래시, 바짝 들어올리는 컬링의 3박자가 조합이 되어야 완벽하다고 볼 수 있다. 때에 따라 두 가지 마스카라를 겹쳐 발라 이 세 가지 욕구를 다

마스카라 브러시 종류

마스카라
바르기 전

마스카라
바른 후

채워줄 수도 있다. 다만 마스카라
가 너무 뭉치지 않도록 주의하고
만약 뭉쳤을 경우에는 빗 브러시
를 사용해 뭉친 부분을 풀어주는
것이 좋다.

　　마스카라는 뷰러 후에 발라주
는 것이 좋고 눈썹 뿌리 쪽에 마스
카라 브러시를 잘 껴맞춰준 다음
쭈욱 빼듯이 지그재그로 위로 올
려준다. 마스카라를 해주고 나면
눈이 더 커보이고 여성스러운 느
낌을 줄 수 있다.

마스카라는 브러시와 브러시액에 따라서 기
능이 결정된다. 빗 모양, 땅콩 모양, 총알 모
양, 1자 모양, 활 모양 정도로 나눠지는데 자신
의 눈구조와 속눈썹 고민에 따라서 고르도록
한다.

14. 인상을 좌우하는 아이브로우

사람의 인상을 가장 크게 좌우하는 눈썹 모양. 메이크업을 다 잘해도 눈썹에서 실패하면 메이크업이 어색해 보일 수 있다. 하지만 눈썹 다듬기와 그리기는 쉽게 터득하기 어려운 테크닉이다. 특히나 눈썹 다듬기를 잘못했다가는 돌이킬 수 없게 된다. 아이브로우도 다양한 종류가 있으니 자신의 눈썹 스타일에 맞춰 골라보도록 하자.

눈썹 컬러는 피부 톤과 비교해서 정하기도 하지만 머리카락 컬러에 비교해서 맞추는 것이 가장 좋다. 눈썹 컬러를 맞춰주지 않으면 어색하고 이질감이 느껴질 수 있으니 주의하고, 고개를 돌려가며 오른쪽과 왼쪽 눈썹이 잘 대칭되는지 비교하자. 사람마다 눈썹 근육이나 방향이 다르기 때문에 짝짝이 눈썹이 되기 쉬우니 둘 중 예쁜 눈썹에 맞춰서 다듬고 그리는 것이 좋다.

눈썹 그리는 방법

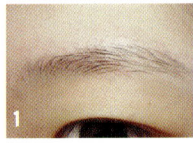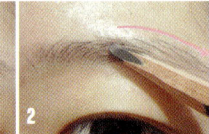

1. 눈썹숱은 최대한 살리고 눈썹 모양을 잡아간다.
2. 눈썹의 중간부터 시작해서 뒤쪽 방향으로 눈썹을 채워준다. 그린다 생각하지 말고 눈썹의 빈 부분을 채운다고 생각하라.

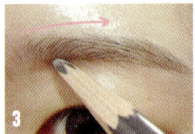

3. 눈썹 앞쪽부터 중간까지 눈썹을 채워준다. 눈썹 앞쪽은 연하고 눈썹 끝으로 갈수록 짙어져야 한다.
4. 스크류 브러시로 눈썹결을 살려 잘 빗어준다.

눈썹을 예쁘게 그리려면 처음 눈썹 모양을 잡는 것이 중요한데 혼자 해결하기가 어렵다면 전문가를 찾는 것이 현명할 수도 있겠다. 베네피트는 브로우 바가 따로 마련되어 있어 미리 예약하면 브로우 서비스를 받을 수 있다.

Tip box

눈썹숱이 많고 짙다면
다듬고 그리는 것보다 어떻게 정리할지에 초점을 맞춘다. 숱을 치거나 라인을 잘 다듬고 눈썹결을 살리기만 해도 자연스러운 눈썹을 연출할 수 있다. 욕심내서 그리거나 자꾸 손대면 짱구눈썹이 될 수도 있으니 아이브로우 마스카라를 사용하여 눈썹결만 살리는 것이 좋다.

눈썹숱이 적다면
눈썹숱이 적다면 자칫 잘못 다듬다가는 오히려 더 숱이 없어질수도 있으니 다듬기보다는 라인 바깥쪽에 난 가닥들을 족집게로 뽑아준다. 그리고 섀도우나 펜슬로 눈썹의 빈 부분을 채워준다.

눈썹숱이 없다면
대개 눈썹이 반토막만 있는 분들이 많다. 앞부분만 눈썹이 있고 뒷부분은 민둥민둥한 이런 눈썹의 가장 중요한 포인트는 뒷부분을 숱이 있는 쪽과 자연스럽게 연결되도록 컬러, 톤을 일치시키는 것이다. 컬러를 맞춰주고 펜슬로 눈썹꼬리 쪽의 라인을 디테일하게 그려준다.

아이브로우 제품별 특성

펜슬 타입
가장 쉽게 사용할 수 있는 펜슬형. 내추럴하고 쉽게 표현
하는 데 좋다.

젤 타입
눈썹라인을 또렷하게 만들어주어 눈썹숱이 적거나 반쪽
눈썹에 유용하며 번짐이 적다.

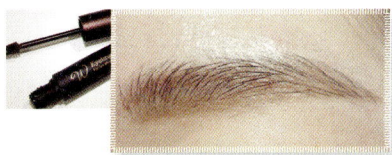

마스카라 타입
눈썹숱이 많은 분들이 사용하거나 눈썹결을 강조할 때
사용하면 좋다.

파우더 타입
눈썹의 비어 있는 부분을 자연스럽게 채우기에 좋고 두
세 가지 색이 키트로 되어 있어 블렌딩해서 쓰면 자연스
럽게 연출할 수 있다. 용량 조절을 못하면 짱구눈썹이 되
기 쉬우니 연한 색부터 차근차근 사용하도록 하자.

이외에 틴트 타입의 브로우 제품이 있는데 워
터프루프 기능이 있어 물놀이할 때 유용하게
사용할 수 있다.

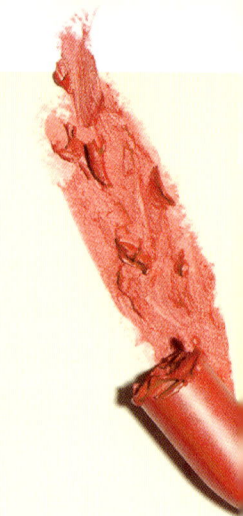

15. 여자들의 한결같은 사랑, 립스틱

불황일수록 더 불티나게 팔린다는 립스틱! 남자들은 이해 못한다. 신상 립스틱 하나면 우울증쯤은 가뿐히 떨쳐 내버릴 수 있다는 사실을. 나는 가끔 잠들기 전 괜히 잠자고 있는 립스틱들을 다 열어젖히고 손등에 발라보는 이상 행동을 한다. 50여 개쯤 되는 립스틱들을 발라보면서 "역시 모두 달라, 전부 다른 색이야." 이러면서 요리 보고 조리 보고 하면서 뿌듯해한다. 그래도 이런 행동을 가끔씩 해주니 50여 개 중에서도 겹치는 컬러 없이 다양한 색을 구비해둘 수 있는 것 같다.

예전에 비해 립스틱이 더 사랑 받게 된 것은 셀러브리티들의 힘이라고 볼 수 있겠다. 이효리, 엄정화, 송혜교, 이혜영 등등 드라마나 무대에서 보여지는 립 컬러는 화장품 매니아들 사이에서는 정말 크나큰 관심거리이다.

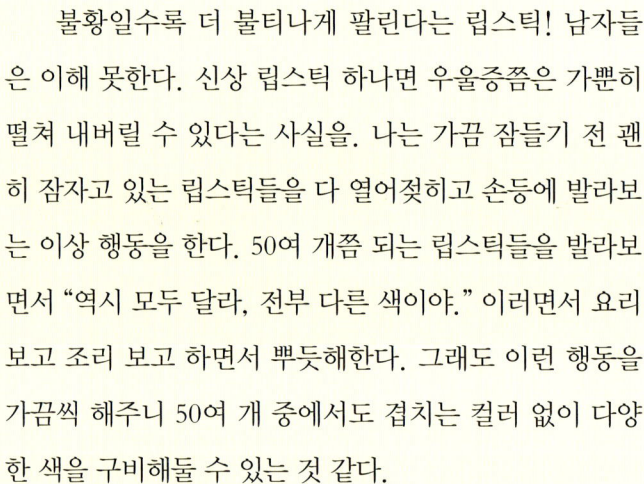

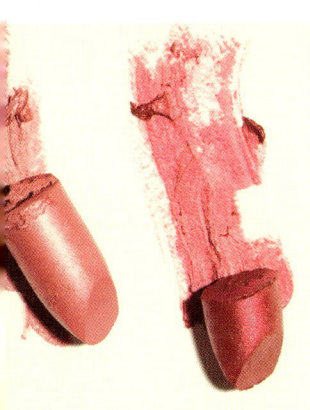

립스틱은 텍스처에 따라 느낌이 다르니 전체적인 메이크업 컨셉이나 자신의 기호도에 따라 텍스처를 고른다. 립스틱을 오래 사용하면 입술이 건조하고 각질이 부각될 수 있으므로 평소에 입술 보습에 신경을 써야 한다.

립스틱 텍스처

{ **글로시** } 립스틱의 발색력과 립글로스의 광택력을 느낄 수 있고 입술의 건조함과 주름을 커버할 수 있다.

{ **쉬머** } 펄감과 광택감을 느낄 수 있는 무난한 텍스처이다.

{ **매트** } 건조한 듯한 느낌으로 발색력이 좋다. 입술에 각질이 있거나 잘 바르지 않으면 오히려 독이 될 수 있어 쉽게 바르기 힘든 텍스처이다.

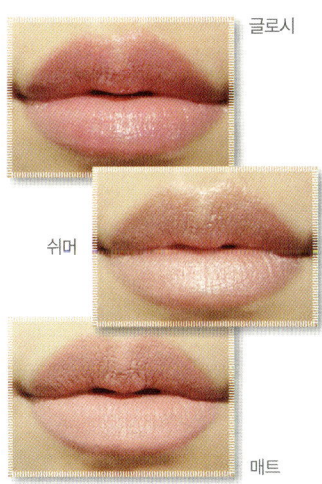

글로시

쉬머

매트

16. 입술 주름 감춰주는
립글로스

스무 살이 되어 가장 먼저 접한 화장품이 립글로스였다. 화장에 서툴었던 내가 별다른 테크닉 없이 쉽게 사용할 수 있는 아이템이었으니까. 26살까지, 나에게 6년 동안은 립글로스가 최고의 립 제품이었다. 촉촉하게 물기를 머금은 듯 도톰한 유리알 광택은 광고 속 모델들의 입술이 부럽지 않을 만큼 매혹적이다. 하지만 바람 불면 머리카락은 입술에 달라붙고 1시간도 안 되어 윤기는 바람과 함께 사라지고 뭘 바르기는 한 건지 의심만 가는 그런 상황이 펼쳐지게 된다. 또 색감이 많이 두드러지지 않고 거의 광택으로 승부를 보는 경향이 많았다. 립스틱을 접하고서야 립글로스에 대한 애정이 좀 식긴 했지만 컬러 표현이 잘 되는 립글로스 같은 경우는 입술의 건조함을 해결할 수 있기 때문에 여전히 좋아한다.

립글로스 바르기

립글로스는 입술 안쪽에서 바깥쪽으로, 입술 주름의 세로 방향으로 발라주고 입술 라인을 따라 발라준다. 입술이 닿는 안쪽면은 경계가 생길수 있으니 가급적 바르지 않는다.

립글로스는 끈적임의 정도를 확인해야 하고 흘러내리는 듯한 요플레 현상은 없는지 확인하는 것도 중요하다. 그리고 제품 용기에 담겨있을 때 색이 선명하더라도 팁으로 펴 바르면 거의 색이 느껴지지 않을 수 있으므로 겉면만 보고 구입하는 것은 금물이다. 또 입술 색에 따라서 전혀 다른 느낌이 되기 때문에 손등이 아닌 입술에 테스트해보고 구입하는 것이 좋다.

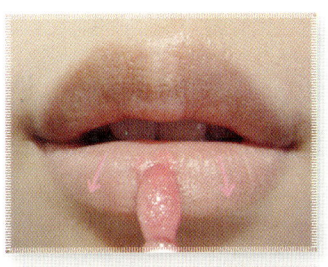

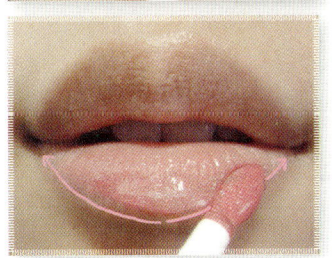

17. 엣지 있는
입술 라인을 위한
립라이너

립라이너는 입술의 윤곽을 또
렷하게 해주는 제품이다. 입술이
얇은 분들의 입술선을 수정해서
도톰하게 보이게 해주며 립스틱의
발색력과 지속력을 높여주는 데에
도 좋다.

립라이너 그리기

립라이너를 사용할 때 입술 선만 따라 그리면 입술이 인위적인 느낌이 드니 다음에 바를 립스틱과 비슷한 컬러를 골라 입술 안쪽까지 자연스럽게 스며들 듯 그러데이션하여 티 안나게 연출하도록 하자. 립라이너를 먼저 그리고 립스틱을 바르기도 하지만 립스틱을 바른 후에 립라이너로 바깥 라인을 가볍게 정리하듯 발라주는 것도 좋다.

립라이너의 효과

립라이너를 바를 경우 입술 라인이 더 또렷하고 발색이 선명하게 되며 립스틱의 지속력을 더 연장시킬 수 있다는 장점이 있다. 이때 립컬러와 립라이너의 컬러를 최대한 비슷한 색감으로 선택하도록 한다.

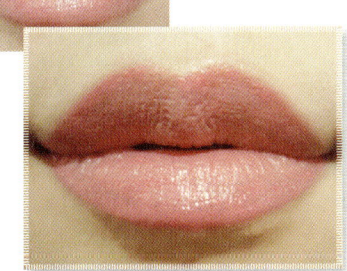

립라이너 바르기 전

립라이너 바른 후

NO!

YES!

18. 내 입술색 같이 자연스러운 립틴트

틴트하면 가장 먼저 떠오르는 것은 전지현 틴트, 한 영화에서 바르고 나온 전지현의 입술색이 무엇이냐며 크게 이슈화되었던 기억이 난다. 아직도 베네피트의 베네틴트보다 전지현 틴트라고 하는 것이 더 익숙할 정도이다. 틴트가 처음 나왔을 때 진짜 자기 입술처럼 입술에 혈색을 주는 것이 립스틱이나 립글로스와 달리 스며들 듯이 색을 표현하기에 그때 당시에는 참 신선했다. 지금은 고등학생들도 부담없이 사용할 수 있을 정도로 광범위한 연령층에게 사랑 받는 베스트 아이템이기도 하다.

립틴트 바르기

틴트는 입술에 스며들어 빠르게 착색이 되기 때문에 입술에 톡톡 찍어 빠르게 문질러야 얼룩이 남지 않고 자연스럽게 표현된다. 또, 틴트를 바르고 나면 입술이 건조해지기 때문에 립글로스나 립밤을 덧바르는 것이 좋다. 건조하다고 입맛을 나시다간 쓰디쓴 틴드의 맛을 볼 것이다.

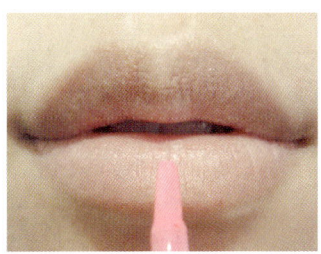

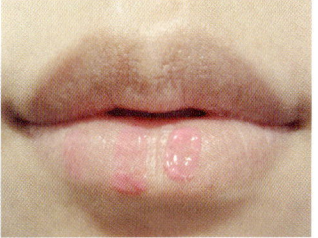

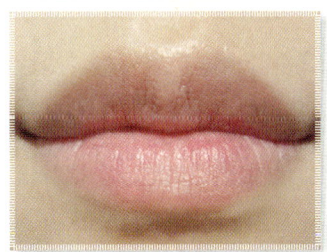

19. 입술 영양제,
립밤

입술은 우리 얼굴에서 꽤 민감한 피부다. 그럼에도 불구하고 얼굴에는 10만 원이 넘는 고가의 에센스를 바르지만 입술에 5천 원짜리 립밤 하나 발라주지 않는 사람들이 많다. 입술은 별개인 것처럼. 립밤을 고를 때는 두 가지 정도만 기억하자. 자외선 차단과 보습! 외출할 때는 자외선 차단지수가 있는 립밤을 발라 자외선으로부터 보호해준다. 입술 자외선 차단을 철저히 무시했던 나는 입술 안쪽과 바깥쪽에 선명한 경계선이 생길만큼 입술색이 칙칙하게 변해버렸다. 외출하기 전에 미리 자외선 차단지수가 있는 립밤을 발라주자. 보습을 위해서는 립스틱을 바르기 30분 전부터 립밤을 발라놓고 립스틱을 바르면 한결 촉촉하게 오래 지속시킬 수 있고 틴트를 바르면 틴트가 증발되어 건조해지는 것을 막을 수 있다.

립밤 종류

팟 타입

스틱 타입

튜브 타입

{ **팟 타입** } 팟타입은 손가락으로 발라야 하기 때문에 불편함은 있지만 보습력이 아주 좋다.
{ **스틱 타입** } 휴대와 사용이 간편하다.
{ **튜브 타입** } 휴대가 간편하고 보습력이 좋고 립글로스 같은 광택감이 있다.

Tip box

스틱 타입에서 SPF 15는
자외선 차단 지수를 말한다.

20. 도톰하고 탱탱한 입술로 위장하는 **립플럼퍼**

　안젤리나 졸리, 엄정화, 윤은혜, 송혜교의 공통점은? 바로 볼륨감 넘치는 입술! 그녀들처럼 통통한 입술이 갖고 싶어서 무작정 구입했던 나의 첫 립플럼퍼는 듀왑 립 베놈이었다. 그때는 화장품에 대해서 잘 모를 때여서 그 제품이 그렇게 유명한지는 몰랐다. 바르는 순간 통증을 방불케 하는 쏴한 느낌이 입술을 감돌았다. 바르면서 "아! 예뻐지는 데에는 고통이 따르는구나."싶었다. 1분 정도 지나자 청량고추 10개는 베어 물고 매운독 오른 것 같이 입술이 통통하게 변신해 있었다. 쪼글쪼글했던 입술 주름도 보톡스를 맞은 것처럼 팽팽해져 있었고, "이건 마법이야!"를 연신 외치며 이 정도 아픔쯤이야 감수할 수 있겠다 싶었는데 3시간 정도 지나니 원래 내 입술로 돌아와버렸다.

립플럼퍼 효과

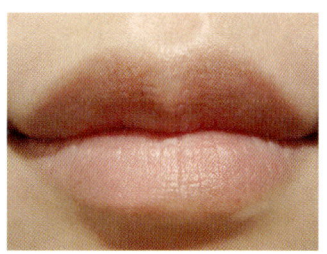

립플럼퍼 사용 전

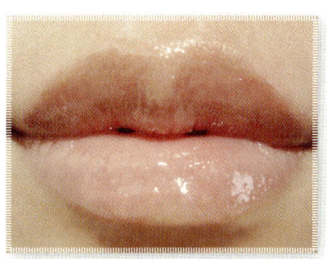

립플럼퍼 사용 후

립플럼핑 기능은 지속적인 것이 아니라 일시적인 것임을 기억하자. 오래도록 통통해보이고 싶다면 수시로 덧발라주는 방법밖엔 없다. 그리고 사용하면서 용기에 공기가 들어가게 되면 플럼핑 기능이 떨어지는 경향이 있는 것 같다. 개봉 후 한 달 지날 때쯤 발라보면 처음보다 쏴한 느낌이 덜하다. 립플럼피는 구입 후 최대한 빨리 사용하는 것이 좋다.

21. 입술색을 지우는
립컨실러

  립컨실러는 진한 입술색을 옅게 커버하는 제품이
다. 입술색이 너무 진할 경우 립제품의 원래 컬러를 그대
로 재현하기 힘들기 때문에 립컨실러로 먼저 자신의 입술
색을 다운시킨 뒤 립 제품을 바르면 립 제품 본연의 컬러
를 표현하기가 좋다. 입술에 붉은기가 많거나 칙칙할 경
우 곱디 고운 핑크색 립스틱도 팥죽색으로 보인다고 울상
인 분들이 많다. 그런 분들이 립컨실러를 사용하면 붉은
기나 칙칙함이 해결되긴 하지만 마무리감이 매트해서 입
술이 많이 건조해진다는 단점이 있다. 또 컨실러 사용 후
바르는 모든 립스틱 컬러가 파스텔톤으로 변하기도 한다.
사랑스러운 딸기우유빛 립컬러를 표현하고 싶다면 립 컨
실러가 유용하다.

립컨실러 바르기

입술 안쪽까지는 바르지 말고 입술라인 둘레를 시작으로 바깥에서 안쪽으로 서서히 톡톡 찍어주듯 발라준다. 너무 두껍게 바르지 않도록 한다.

립컨실러 효과

립 컨실러를 바른 후에 립스틱을 바르면 입술 색과 겹치지 않아 발색을 높일 수 있다.

맨 입술

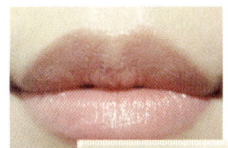
립컨실러 사용 전

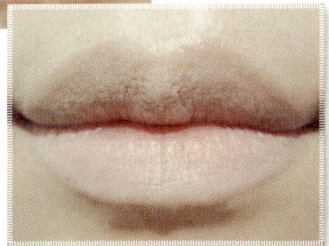
립컨실러 바른 입술

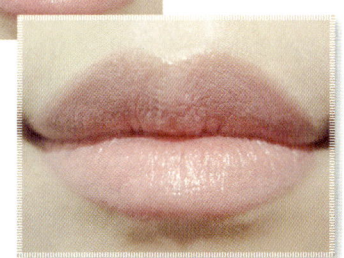
립컨실러 사용 후

22. 메이크업 고정하고
수분감 주는
메이크업 픽서

오후만 되면 화장이 없어진다면 메이크업 픽서에 주목하자. 전체적인 메이크업의 지속력을 높이는 데 사용하는 제품이 메이크업 픽서다. 화장을 다하고 마지막 단계에서 샤샤삭 뿌려주면 메이크업을 고정하고 피부가 건조해지는 것을 막는 기능을 한다. 아이 메이크업까지는 고정해주지 못하지만 베이스 메이크업과 블러셔 정도는 잘 지켜준다.

단, 너무 가까운 거리에서 분사하면 물방울이 뭉치듯 맺혀 애써 완성된 화장 다 망칠 수 있으니 30cm 정도의 거리를 두고 분사하자. 물안개가 얼굴 위로 사뿐히 가라앉은 듯한 느낌으로! 화장 날림으로 수정화장을 밥 먹듯이 해야 했던 분들에게 유용한 아이템이다.

23.브러시
종류 및 사용법

　　전쟁에 나갈 때는 칼이 있어야 하고 공부를 할 때 펜이 있어야 하듯 메이크업을 할 때 메이크업 브러시가 빠진다면 말이 안 된다. 아무리 손이 가장 훌륭한 메이크업 도구라지만 브러시의 디테일을 따라잡기가 힘들 때가 있다. 하지만 그 많은 브러시 종류 중에서 어떤 제품을 골라야 하는지, 어떤 소재가 나의 얼굴에 맞는 제품인지는 화장품 고르는 일만큼이나 어렵다. 메이크업 브러시의 종류와 사용법을 안다면 좀 더 완성도 높은 메이크업을 할 수 있을 것이다.

Tip box

브러시 구입시 체크사항

1. 브러시를 직접 얼굴에 터치하면서 털의 부드러운 정도를 확인한다.
2. 한 손으로 털을 가볍게 잡아 빼 털이 빠지는지도 확인한다.
3. 브랜드마다 손잡이의 길이가 다르니 직접 잡아 보고 그립감이 편한지 확인한다.

브러시 세척방법

브러시가 깨끗하지 않으면 화장품에 때가 끼고 피부에 해로운 세균들이 번식해 피부 트러블을 유발하기도 한다. 한 달에 한 번씩은 빨아야 하는데 세척 빈도보다는 방법이 더 중요하다고 할 수 있다. 우선, 전용 세척제 하나 정도는 구입해서 오래 사용할 것을 권한다. 비누와 폼 클렌저는 브러시가 뻣뻣하게 변질될 수 있고 그나마 샴푸는 임시방편으로 사용할 만하다.

1. 폭이 넓은 용기는 브러시 클렌저를 많이 소모하게 되기 때문에 폭이 좁은 용기에 브러시 클렌저를 덜어내고 물에 적신 브러시를 살살 문지른다.
2. 브러시를 물로 헹궈낸 다음에 타월로 가볍게 눌러 물기를 짜낸다.
3. 모양이 흐트러지지 않게 공중에 거꾸로 넣어 말려 건조과정에서 모양이 틀어지거나 변하는 것을 방지한다.

화장품의 텍스처가 다양해짐에 따라 브러시 라인도 강화되고 있다. 메이크업 브러시를 사용하면 여러 번 덧바르거나 다른 종류의 제품을 섞어도 뭉치지 않아 양조절이 편리하다는 장점이 있다. 이렇게 다양한 브러시를 어떻게 써야 최상의 효과를 얻을 수 있을까?

브러시는 천연모와 합성모 소재가 있는데 모두 각각의 장점이 있어서 어느 것이 더 좋다고 말할 수는 없다. 천연모의 경우, 피부에 덜 자극적이며 제품이 털 안으로 뭉치지 않아 적정량을 사용할 수 있다. 천연모는 종류에 따라 털이 가진 특유의 질감과 탄력 정도가 다른데 반해 합성모는 털의 지름이나 탄력, 길이 등이 균일하다. 따라서 미세한 브러시가 필요할 때는 지름의 크기를 조절할 수 있는 합성모를 쓰는 경우가 많다.

Face

파운데이션 브러시

리퀴드 파운데이션을 바를 때 사용되는 브러시. 리퀴드 파운데이션을 윤기 있게 바를 수 있어 한 개쯤은 가지고 있어도 좋을 법한 아이템이다. 섬세한 털로 이루어져 있고 탄력 있으며 납작한 모양을 고른다. 얼굴의 넓은 면적부터 피부결에 따라 발라준다. 브러시에 미리 미스트를 뿌려 촉촉하게 만든 상태에서 파운데이션을 묻혀 사용하면 더 부드럽게 발린다.

파우더 브러시

뭉침 없이 부드럽고 균일한 피부 표현을 위한 브러시. 파우더 브러시는 퀄리티가 무척 중요한데 파우더가 한꺼번에 많이 묻거나 털 안에서 뭉치게 되면 더 과도한 양의 파우더를 사용하게 되므로 털이 고르고 풍성한 브러시를 골라야 한다. 파우더를 묻힌 후 살짝 털어낸 다음 얼굴 바깥라인이나 T존부터 바르고 남은 브러시에 남은 파우더를 볼쪽에 발라야 피부가 건조해지지 않는다.

셰이딩 브러시

얼굴 라인의 음영을 주는 브러시. 사선형이라 얼굴 바깥 라인에 편하게 닿는다. 파우더 브러시만큼 부드러운 퀄리티가 중요하고 납작한 사선 형태가 얼굴 라인에 셰이딩을 넣어주기에 편하다. 셰이딩 파우더 양 조절을 잘하고 가볍게 살살 굴려가면서 발라줘야 어색하지 않다.

노즈 브러시

코 양옆에 음영을 주는 브러시. 모에 힘이 좀 있고 부드러워 발색력이 좋고 얇고 길어서 세밀하게 표현하기에 좋다. 코 옆에 살살 굴려가면서 발라주면 콧대가 살아보일 수 있다.

치크 브러시

발그레한 볼을 자연스럽게 표현할 때 사용하는 브러시. 입체적인 모양의 볼과 광대뼈에 맞도록 완벽하게 둥근 모양이 좋고 계속 사용해도 부드럽게 피부에 밀착되는 느낌을 오래 유지하는 질감이라야 한다. 스마일 표정을 짓고 가장 돌출된 부위나 그 살짝 위쪽의 부위에 원을 그리듯 터치하고 얼굴 옆면으로 내빼준다.

하이라이터 브러시

파우더나 펄 있는 제품을 블렌딩할 때 사용되는 브러시. 치크 브러시와 비슷한 크기로 매끄럽고 부드러워야 펄 날림이 적다. 광대뼈, 눈썹뼈, T존의 부위에 사용한다. 브러시 질감에 따라 피부에 표현되는 광택감이 달라질 수 있다. 천연모처럼 부드러운 질감은 은은하게, 합성모처럼 매끄러운 질감은 화려하고 매끈하게 표현된다.

컨실러 브러시

특정 부위의 부분적인 커버를 쉽게 할 수 있도록 디자인 된 브러시. 약간 광택이 있는 합성모가 제격. 브러시가 닿기 힘든 눈가나 입가, 좁은 면적에 사용할 수 있도록 폭을 감안하여 구입하도록 한다.

팬 브러시

자연스럽고 완벽한 메이크업 마무리를 위한 브러시. 섀도우 등을 사용할 때 잘못 사용했거나 과하게 짙게 발색했을 경우 메이크업의 흐트러짐없이 털어내는 브러시로 눈가나 얼굴에 사용하므로 부드러운 자연모를 이용하는 것이 좋다.

Eye

아이브로우 브러시

눈썹을 깨끗하게, 원하는 형태로 정돈할 때 사
용하는 사선형의 브러시. 합성과 천연모가 섞
여 있는 소재로 탄력있고 샤프한 것으로 고르
자. 비어 있는 눈썹 부위에 고르게 채워주며
아이브로우 펜슬과 함께 쓰면 더욱 좋다. 섀도
우나 브로우 파우더에 살짝 묻혀 눈썹의 빈 면
적을 메워준다.

스크류 브러시

눈썹결을 정리하거나 속눈썹을 빗을 때 사용
하는 브러시. 뻣뻣한 질감의 꽈배기 모양으로
빗과 같은 역할을 해 눈썹과 속눈썹을 다듬는
데 꼭 필요하다. 눈썹을 가지런히 정리해 눈썹
결을 살리고 속눈썹에 마스카라를 바르고 뭉
쳤을 때 빗어주면 뭉친 부분이 풀어진다.

아이 베이스 브러시 (크림 타입)

크림 타입의 아이섀도우를 넓은 면적으로 바르는 브러시. 폭이 넓고 납작하고 끝이 둥글어 베이스 컬러 아이섀도우를 바르기에 좋다. 탄력감이 좋아 매끈하게 잘 발린다. 가볍게 쓸어주거나 두드려 펴 바른다.

아이 베이스 브러시 (파우더 타입)

파우더 타입의 아이섀도우를 넓은 면적으로 바르는 브러시. 폭이 넓고 끝이 둥글며 끝으로 갈수록 도톰해져 눈두덩이 전체에 균일하게 베이스 컬러를 바르기에 좋다. 가볍게 쓸어주면 단 몇 번의 터치만으로 눈두덩이 전체에 금방 아이섀도우를 바를 수 있다.

아이섀도우 브러시

아이섀도우를 자연스럽게 그러데이션하고 블렌딩할 수 있는 브러시. 파우더 타입의 아이섀도우를 손쉽게 블렌딩할 수 있어 내장 팁과는 다른 느낌으로 연출할 수 있다. 눈 주위는 민감하므로 천연모로 만든 브러시를 쓰는 것이 좋다.

팁 브러시

아이섀도우의 펄이나 색상을 잘 잡아주는 브러시. 일반 아이섀도우 브러시에 비해 팁은 블렌딩이나 그러데이션은 취약하지만 색감을 잘 표현해준다. 짙은 컬러의 아이섀도우를 바를 때 좋다. 가볍게 쓸어주거나 톡톡 두드려 사용한다.

아이스머지 브러시

쌍꺼풀 라인에 포인트 컬러의 아이섀도우를 바르기에 좋은 브러시. 모가 짧으면서 폭이 좁아 좁은 면적에 포인트를 주기 때문에 마지막 가장 진한 컬러 바를 때 사용하면 좋다. 스모키 메이크업이나 딥 컬러 메이크업에 딱이다.

섀도우 포인트 브러시

아이섀도우 포인트를 주거나 블렌딩할 때 사용하는 브러시. 짙은 컬러를 사용해 눈꼬리 끝에 발라 눈매에 음영을 준다. 탄탄한 탄력감으로 모의 힘이 좋아 진한 컬러의 아이섀도우를 발색하기에 좋다.

언더라인 포인트 브러시

언더라인에 섀도우 바를 때 사용하는 브러시.
폭이 좁고 길이가 짧으며 끝이 네모나서 언더
라인 부위에 알맞다. 모가 짧고 탄탄해서 언더
라인에 펄감이나 색감을 표현하기에 좋다.

아이라이너 브러시

눈매를 또렷하게 보이기 위해 라인을 그려주
는 브러시. 납작하고 모가 짧아 탄력있고 힘이
있는 합성모가 적당하고 크리미한 타입의 아
이라이너를 바르기에 안성맞춤이다. 크림, 젤,
리퀴드 타입의 텍스처를 소화하려면 뾰족하거
나 납작한 모양이 좋다.

Lip

립컨실러 브러시

립컨실러를 바르는 브러시. 인조모로 빳빳하고 탄력감이 좋아 밀착력 있게 발리고 납작해서 립컨실러가 고르게 묻힌다.

립 브러시

부드럽고 매끈한 입술 연출을 위한 브러시. 인조모로 탄력이 좋은 것은 입술 밀착력이 좋다. 움직임이 많고 섬세하며 뭉치거나 번지기 쉬운 입술을 잘 표현하기 위해서는 가늘고 정교한 것을 고르도록 한다. 립 수정 메이크업할 때 필요하므로 휴대성이 좋은 미니 사이즈의 립 브러시를 챙기도록 한다.

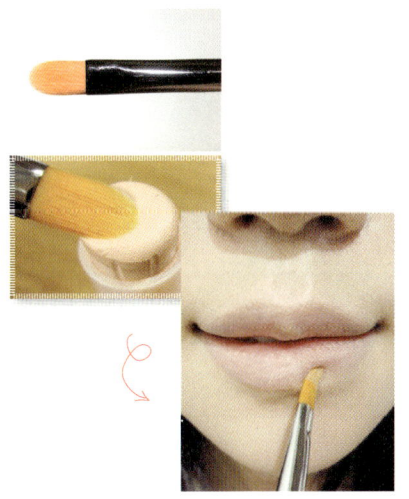

24. 보송보송, 퍼프

메이크업을 하게 되면 꼭 빠지지 않고 사용하게 되는 것이 퍼프이다. 대개 내장 퍼프를 사용하는 경우가 많은데 자신의 얼굴과 맞지 않는 경우가 있다. 그렇다고 내장 퍼프에 맞춰서 파우더나 팩트를 구입할 수는 없다. 퍼프 또한 재질과 사이즈가 다양해서 메이크업 초보자라면 구분하기도 어려워서 원하는 제품을 구입하기가 어려우므로 자신의 피부 타입에 맞는 퍼프를 잘 선택하여 사용하는 것이 가장 중요하다.

Tip box

퍼프 구입시 체크사항
퍼프의 소재를 확인한다. 면 소재는 피부 자극이 덜하지만 두껍게 발리고 합성소재의 퍼프는 부드럽고 파우더 양을 조절하기가 쉬워 얇게 발린다.

퍼프 세척 방법
피부에 파우더를 흡착하기 위해 사용하는 퍼프에 먼지나 노폐물이 쌓이면 피부 트러블의 원인이 될 수 있다. 특히 프레스드 파우더는 파우더를 바른 후 쓰던 퍼프를 그대로 올려놓는 경우가 많은데, 이것은 파우더까지 오염시키는 것이니 반드시 파우더 위에 필름을 덮은 후 퍼프를 올려 놓는다.

1. 폼 클렌저나 중성 세제를 푼 미온수에 손가락으로 살살 눌러가며 빤다.
2. 섬유유연제나 린스로 헹군다.
3. 햇빛에 말려 소독한다.

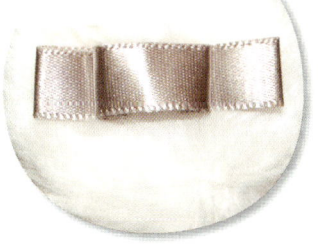

파우더용 **퍼프**

벨벳 소재 퍼프

파우더가 얇고 고르게 잘 발려 화사한 화장에 유리하고 세탁 후 변형이 거의 없다.

면 소재 퍼프

밀착력 있게 발리고 피부에 닿을 때 자극이 적어 피부에 부드럽게 닿는다. 단, 파우더 용량 조절을 잘못하면 두껍게 발리고 세탁 후 변형이 크다.

아크릴 퍼프

결이 길어 보송보송하다. 입자가 큰 펄 파우더나 바디 메이크업을 할 때 쓰며 펄이 피부에 고르게 퍼지도록 한다.

팩트용 **퍼프**

NBR 퍼프

합성 고무의 일종으로 밀착력이 우수하며 투명 메이크업에 유리하다. 크림 타입의 파운데이션을 바르기에 좋다.

Flocking 퍼프

압축 파우더나 팩트에 흔히 내장 되어 있는 재질로 부드러운 촉감과 화사한 메이크업에 쓰면 좋다.

25. 고른 피부 표현의 일등 공신, **스펀지**

베이스 메이크업을 할 때 고른 피부표현을 해주는 스펀지. 스펀지의 모양은 무척 다양한데 꼭 어떤 모양을 구입해야된다는 룰은 없다. 원, 부채꼴, 마름모꼴 등이 있고, 흔히 사용하는 모양은 마름모꼴이다.

스펀지의 정변과 측면의 촉감이 다르므로 매트한 정면으로 파운데이션을 잘 펴발라주고, 콧망울같이 세심한 부위에는 옆면을 사용해 바른다.

Tip box

스펀지 구입시 체크사항

그립감과 잘린 면의 각도, 소재의 짜임, 피부에 붙는 밀착력을 따져본다. 소재는 천연 라텍스가 이상적이다.

스펀지 세척방법

가장 자주 세탁해야 할 아이템으로 같은 면으로 파운데이션을 2번 이상 사용하지 말아야 한다. 메이크업시 스펀지가 파운데이션뿐만 아니라 **피부의 유분까지 흡수하기 때문에** 화장을 뭉치게 할 뿐만 아니라 모낭염까지 유발힐 수 있다.

1. 큰 스펀지는 깨끗한 가위로 잘라서 일회용으로 쓰는 것이 가장 좋은 방법.
2. 세척할 때는 미지근한 물에 5분 정도 담가두었다가 폼 클렌저로 주무른 후 헹군다.
3. 통풍이 잘 되는 그늘에 말린다.

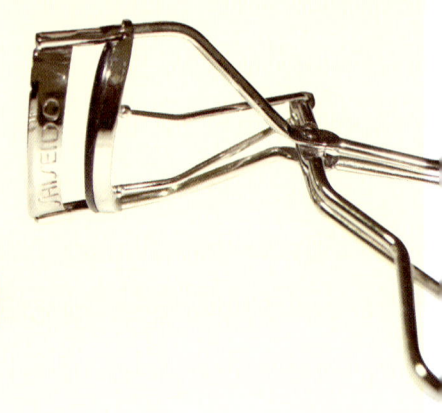

26. 뷰러 하나면 열 인조 속눈썹이 부럽지 않아

마스카라액이 속눈썹에 닿으면 일단 처지기 마련이다. 그러면 시간이 지날수록 팬더가 되어 버린다. 길고 짧은 것을 떠나서 직모인 동양인의 속눈썹은 마스카라만으로 드라마틱한 속눈썹 연출이 불가능하다. 따라서 아이 뷰러는 필수 아이템이 아닐 수 없다. 그리고 뷰러는 반드시 마스카라 전 사용 해야하고 마스카라 후에 사용할 때는 확실히 건조된 후에 찝어주도록 한다.

Tip box

아이 뷰러 구입 시 체크사항

부드러운 고무패드가 달린 금속 제품을 선택한다. 금속 알레르기가 있는 사람은 눈에 닿는 부분에 투명 메니큐어를 바르거나 플라스틱 제품을 사용하는 것도 좋다. 자신의 눈 사이즈와 굴곡의 각도에 신경 써야 한다.

아이 뷰러 세척 방법

뷰러는 눈 건강에 직접적인 영향을 미친다. 일주일에 한 번은 세척하고 6개월이 지나면 반드시 고무를 교체해야 한다. 화장솜에 포인트 메이크업 리무버를 묻혀 고무 부분을 닦거나 흐르는 물에 깨끗이 씻은 뒤 티슈로 물기를 닦는다.

뷰러 사용하기

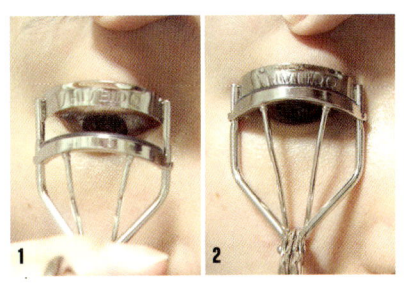

1. 눈두덩이를 들어 올리고 눈을 내리깔고 뷰러 사이에 속눈썹을 끼운다.
2. 속눈썹 뿌리쪽에 가깝게 뷰러를 갖다 대고 찝는다.

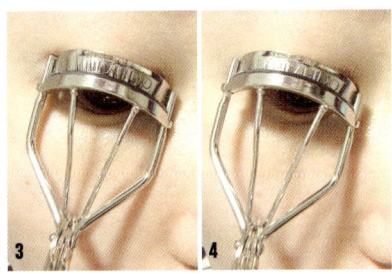

3. 코 쪽으로 뷰러를 기울여 잘근잘근 힘을 줬다 뺐다 7 번~10번 정도 반복한다. 뷰러의 각도를 옆으로 기울여 컬링할 경우 속눈썹이 곧게 컬링이 된다.
4. 속눈썹 끝부분에 뷰러를 갖다대고 컬링해줘서 총 3번 찝어 동그랗고 부드럽게 컬이 되도록 한다.

뷰러질만 잘해도 열 인조 속눈썹 안 부럽다는 말씀! 혹시나 눈두덩이 살 찝을까봐 걱정말고 틈틈이 연습해서 예쁘게 컬링된 속눈썹을 만 들어보자.

before

After

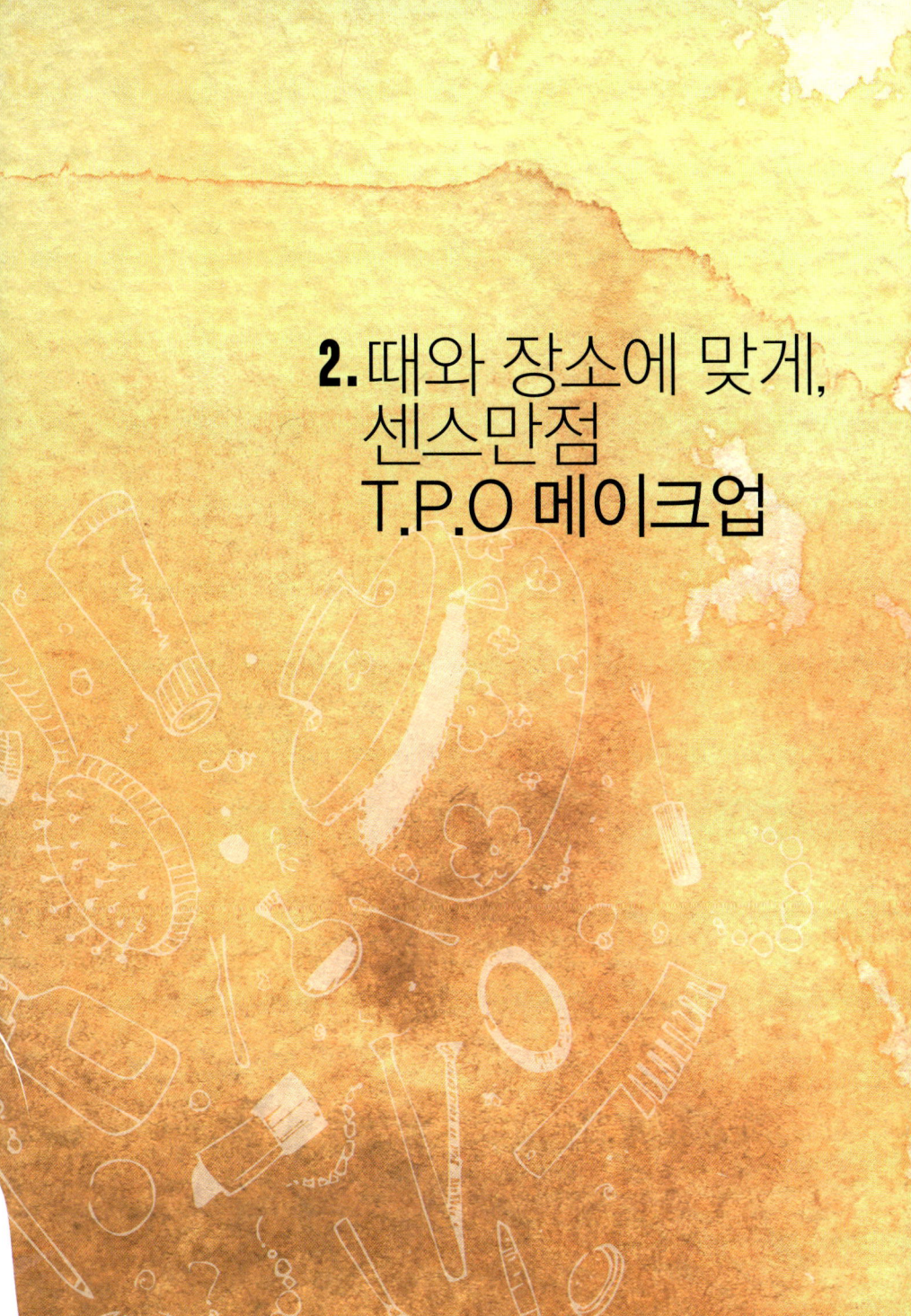

2. 때와 장소에 맞게, 센스만점 T.P.O 메이크업

1. 생기 발랄
새내기 메이크업

대학만 가면 살은 저절로 빠지고 얼굴도 예뻐진다는 어른들의 달콤한 속삭임에 밝은 미래를 상상하며 대학에 갔지만 살은 절대 저절로 빠지지 않고 저절로 예뻐지지 않는 현실이 씁쓸했다. 그제서야 따지면 "네 나이 때는 흰 티에 청바지만 입어도 예쁠 나이다."라며 은근히 오리발을 내미신다. 이제 스스로 노력해서 예뻐져야 하는데 그중 하나가 바로 메이크업이다. 19년 내내 참아왔던 메이크업 본능을 일깨워야 할 때! 요즘 고등학생들도 종종 비비크림이나 파우더 정도로 메이크업을 하고 다니지만 본격적인 메이크업은 대개 대학 새내기 때 시작하게 된다. 이때는 이 메이크업도 해보고 싶고 저 메이크업도 해보고 싶은 욕심에 오버스러운 메이크업으로 여러 실수를 하기 마련이다. 한번에 갑자기 어른스러워지려고 하지 말자. 아이가 엄마 하이힐을 몰래 신은 것처럼 어색하지 않게 현란한 메이크업 테크닉보다는 스무 살만이 가질 수 있는 생기발랄 젊음을 무기로 삼아 풋풋함을 최대한 잃지 않도록 하는 것이 중요하겠다.

　지금은 이렇게 이야기하지만 내가 대학 새내기일 때는 주위에 메이크업에 대해 접할 기회가 없어서 그런지 굉장히 무지했고 메이크업을 하는 손길이 많이 서툴러서 안 하느니만 못할 때도 많았다. 눈썹은 짝짝이, 아이라인은 비뚤비뚤, 결국 사용이 쉬운 파우더와 립글로스만 있으면 내 화장은 퀵으로 완성되었으니 말 다했다. 게다가 고등학생 때 하지 못했던 펌까지 욕심내서 했더니 새내기가 아니라 아줌마가 되어버렸다. 그래서 그런지 전혀 스무 살 같지 않게 나의 대학 1학년 시절은 꽤나 촌스럽고 칙칙하고 오히려 더 나이 들어 보이는 상태로 보냈다. 나처럼 암울한 분위기의 새내기가 되지 말고 자신만의 스타일을 찾아 세련되게 업그레이드하도록 하자.

베이스 메이크업

지금 이 시기는 좋은 피부의 절정기이기도 하
지만 왕성한 호르몬 때문에 여드름으로 고생
하는 분들도 있을 것이다. 우선은 여드름이나
트러블이 많은 상태에서는 메이크업이 독이
될 수 있으니 자제를 해주고 심하지 않다면 컨
실러로 국소적으로 커버한다. 두꺼운 파운데
이션보다는 가볍고 피부결을 많이 살릴 수 있
는 틴티드 모이스춰라이저를 이용해 가볍고
투명한 피부표현을 해준다.

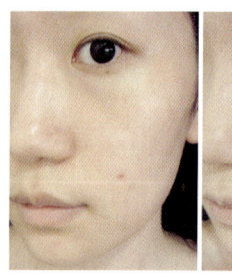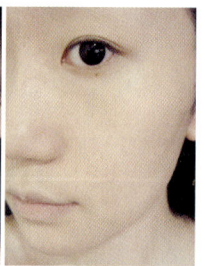

아이 메이크업

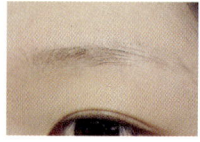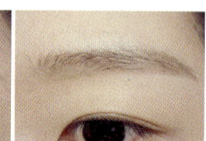

눈썹은 너무 각지지 않게 완만한 곡선을 그리
며 1자형의 눈썹형을 만들어 순하고 어려 보
이는 느낌을 준다.

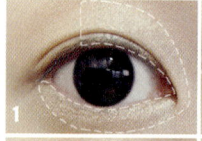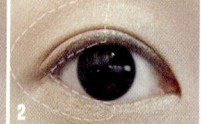
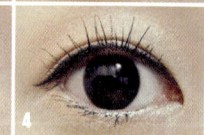

1. 레몬빛의 아이섀도우를 눈두덩이 앞쪽과 언더라인에
발라 베이스로 깔아준다. **2.** 피치오렌지 컬러의 아이섀
도우를 눈매 뒤쪽에 발라 이전에 바른 컬러와 자연스럽
게 블렌딩해주어 연결시킨다. **3.** 붓펜 라이너를 이용해
얇고 선명한 라인을 그려주고 언더라인 중앙에는 화이트
펜슬로 점막 부근을 채워 눈동자가 커 보이는 효과를 준
다. **4.** 속눈썹을 뷰러로 찝은 뒤에 마스카라를 위, 아래로
발라 컬링에 중점을 둔다.

립 & 치크 메이크업

아이섀도우 컬러에 맞춰 오렌지빛의 블러셔를 발라준다. 눈에서 볼까지 오렌지톤으로 통일되어 과한 메이크업으로부터 안전해질 수 있다.

완성된 아이 메이크업

새내기 분위기를 한껏 살려줄 수 있는 오렌지 컬러를 포인트로 사용하여 발랄한 캐쥬얼룩과 잘 어울릴 수 있게끔 표현했다. 대개 새내기일 때 백이면 백 핑크 메이크업을 많이 한다. 핑크 컬러는 여성스러운 요조숙녀 느낌으로, 오렌지 컬러 메이크업은 화사한 말괄량이 느낌을 줄 수 있다.

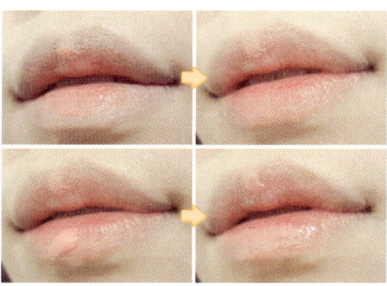

가볍게 표현한 베이스, 아이 메이크업에 맞춰 틴트와 글로스를 발라 가볍고 투명하고 생기 있는 립으로 연출한다. 오렌지 또는 코랄 계열의 틴트를 입술 안쪽에서 바깥쪽으로 바른 뒤에 투명한 색감의 립글로스를 덧바르면 입술 주름이 매끈하게 메워져 오동통하고 귀염성 있게 보일 수 있다.

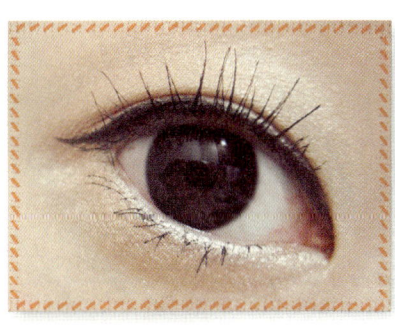

완성 메이크업

새내기들의 풋풋하고 생기발랄함이 고스란히 느껴지는 오렌지 컬러. 동기들의 얼굴 위에 핑크가 가득일 때 혼자 돋보이게 오렌지 계열로 따뜻해 보이고 쾌활해 보이는 인상까지 준다면 선배들에게도 사랑을 듬뿍 받을 수 있지 않을까?

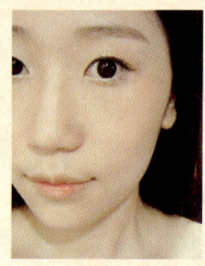

의상 착용 후 정말 이 메이크업이면 어른들 말씀대로 흰티에 청바지 하나만 입어도 예뻐 보일 수 있을 것 같다. 스무살만의 에너지를 뿜어내면서 교수님, 선배님께 좋은 인상을 남기기에 좋을 것이다. 선배들의 메이크업을 무조건 따라하기보다는 지금의 내 나이에 맞게 메이크업을 하는 것이 가장 예쁘고 잘 어울린다.

페이스 차트

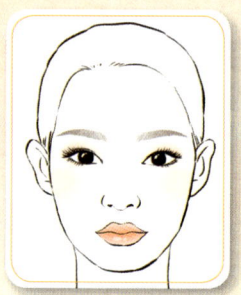

메이크업에 사용된 제품들

1. 베이스: 아모레퍼시픽 틴티드 모이스춰라이저 **2.** 파우더: 쥴리크 로즈 피니싱 파우더 **3.** 컨실러: 파리 베를린 마끼아쥬 프로페셔널 펜슬 컨실러 CR217 **4.** 블러셔: 클리오 아트 블러셔 5호 오렌지 피치 **5.** 아이브로우: 슈에무라 하드포뮬라 스톤 그레이, 이니스프리 아이브로우 마스카라 **6.** 아이섀도우: 토니모리 파티러버 트리플 아이섀도우 02 카페모카 **7.** 아이라이너: 토니모리 크리스탈 아이 데코레이션 옐로우, 로트리 이지 붓펜 라이너 **8.** 마스카라: 키스미 히로인 볼륨 앤 컬 마스카라 **9.** 립: 리오엘리 블루밍 팝 오렌지 틴트, 메이크업포에버 글로시 풀 꿀뤼르 10호

2. 10년 뒤에 봐도
촌스럽지 않은
졸업식 메이크업

5월은 행사도 참 많이 있다. 어린이날, 어버이날, 스승의 날, 성년의 날, 석가탄신일 그리고 졸업 사진 찍는 날. 이때쯤 되면 다이어트 벼락치기가 시작되고 백화점을 누비며 신상 옷들을 뒤지며 사진발 잘 받을 옷을 고르기에 여념이 없다. 사진을 찍기 전까지는 정말 고민이 끝이 없다. 옷만 잘 고른다고 해결되는 것이 아니다. 여기에 어울리는 메이크업과 헤어도 정해야 한다. 요즘은 졸업사진 찍는 시즌에 전문가들이 학교에 출장을 와서 해주기도 하고 학생들이 직접 샵을 찾아가 평소보다 더 퍼펙트한 메이크업을 연출한다.

학교에서 받는 메이크업은 공동구매 개념이라 학생들의 개성은 살려주지 못하고 다 비슷비슷한 메이크업이고 학생들의 만족도도 높지 못했다. 샵에서 받는 메이크업은 확실히 전문가의 손길을 느끼기에 충분해 만족도가 높지만 학교에서의 거리가 문제가 되어 번거롭고 가격대가 높다는 점이 아쉬운 부분이다.

기본적인 메이크업 테크닉을 구사할 줄 아는 분이라면 굳이 샵까지 갈 필요 없이 자신이 충분히 졸업 메이크업을 해낼 수 있다. 자기 얼굴의 콤플렉스는 자신이 제일 잘 알고 있을 테니 그런 부분을 커버하고 장점을 부각시켜 이목구비를 뚜렷하게 표현해주면 샵에서 받은 메이크업보다 나을 수 있다. 너무 유행에 치우친 메이크업보다 오랜 시간이 지나도 질리지 않을 스타일로 평생 간직하고 픈 졸업사진을 찍자.

베이스 메이크업

사진발 잘 받게 하기 위해서 얼굴에 셰이딩을 넣어준다. 코 옆, 페이스 라인에 음영을 넣어 얼굴 윤곽을 뚜렷하게 만들고 작아 보이게 한다. 학사모를 쓰고 찍을 때 이마를 드러내기 때문에 얼굴이 커 보일 수 있으므로 셰이딩을 필수로 해주는 것이 좋다.

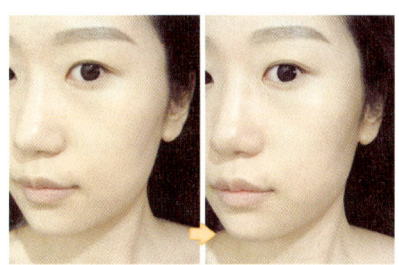

아이 메이크업

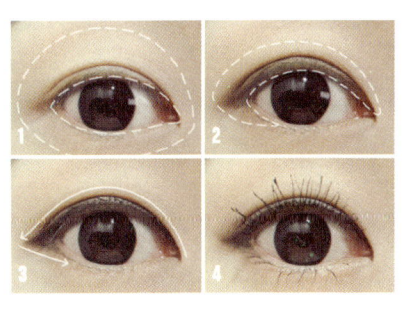

1. 옅은 핑크 컬러 아이섀도우를 눈두덩이외 언더라인에 베이스로 바른다. 2. 브라운 컬러 아이섀도우를 눈두덩이에 얇게 바르고 언더라인 끝부분까지 이어 바른다. 3. 브라운 젤 아이라이너로 눈꼬리를 깔끔하게 잡아 단정하고 또렷한 눈매로 연출한다. 4. 속눈썹을 뷰러로 찝은 뒤에 마스카라를 위, 아래 발라 컬링을 살려준다. 눈매를 더 극대화시키기 위해서 속눈썹을 붙여도 좋다.

완성된 아이 메이크업

자연스럽게 그림자가 지고 색감이 내추럴하다. 화사하게 보일 마음에 파스텔 톤만 고집하다 보면 너무 동동 떠 보일 수 있다. 평생 남는 졸업 사진에 알록달록한 색조보다는 내추럴한 눈매로 십 년 뒤에 봐도 어색하거나 촌스럽지 않아야 한다.

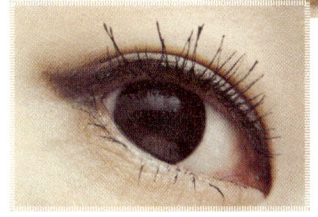

치크 메이크업

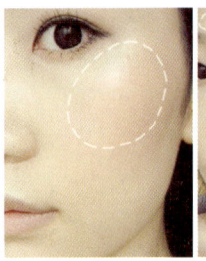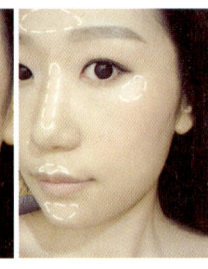

블러셔는 가장 기본적인 모양으로 광대뼈 약
간 아래쪽까지 동그랗게 바른다. 크림 타입의
블러셔로 피부 본연의 질감을 살리고 혈색 있
는 홍조가 건강미를 부각시킨다. 너무 붉거나
너무 노란빛을 띄지 않고 핑크나 코랄톤 정도
로 표현한다. 하이라이터로 얼굴의 볼륨감을
살려주되 트렌디한 물광 메이크업은 금물. 은
은한 광택으로 피부가 매끄러워 보이는 정도
로만 터치해준다. 이마, 콧등, 입술산, 턱, 광대
뼈, 눈썹뼈에 광택을 주면 입체적인 얼굴 윤곽
을 만들 수 있다.

립 메이크업

지금 당장 유행이라고 해서 딸기우유빛 핑크
라던가 누디한 베이지를 바르지 말고 단정하
고 차분한 핑크 베이지 컬러를 고른다. 지금은
예쁠지 모르겠지만 몇 년 후에는 이 립 컬러가
우스꽝스러울지도 모른다. 또 입술 전체에 립
글로스를 덮어 너무 글로시하게만 연출하지
말고 입술 중앙에만 살짝 찍어 볼륨감을 주는
것도 좋다.

완성 메이크업

유행타지 않는 뉴트럴한 색감과 이목구비, 볼륨감을 살리는 셰이딩과 하이라이팅으로 플래쉬 세례도 따가운 자연광에도 자신있는 메이크업이 되었다. 게다가 정장류의 어떤 옷에도 다 매치가 되는 베이직함이 돋보인다. 몇 년 후에 봐도 촌스러워 보일 걱정이 절대 없다.

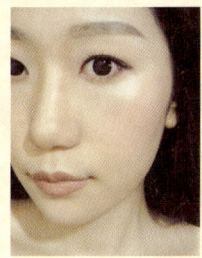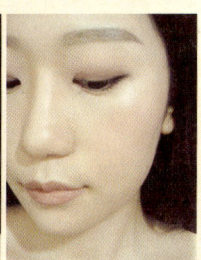

의상 착용 후 헤어는 첫째도 단정, 둘째도 단정! 아나운서 같은 단발 스타일이 나중에 보면 참 깔끔하게 나오지만 굳이 졸업사진 때문에 머리를 자를 필요까지는 없다. 반묶음을 해서 여성스러운 긴 머리도 뽐내고 단정해 보이도록 한다. 앞머리 없이 이마와 눈썹을 드러내는 것이 더 깔끔해 보이긴 하지만 꼭 앞머리를 내리고 싶다면 가르마를 타 옆으로 컬링을 한다.

뱅 스타일은 답답해 보이고 유행을 타기 쉬우므로 졸업 사진 찍기 전에 앞머리 관리를 해야 한다.

옷은 화이트&블랙, 블랙&핑크, 화이트&핑크 정도가 기본적이다. 상의를 밝은 톤, 하의를 어두운 톤에 맞추면 컬러 밸런스도 맞고 인물 사진이 잘 나온다. 옷을 고를 때 네크라인이나 바디라인이 어떻게 떨어지는지도 고려한다. V넥과 U넥이 목이 길어 보이고 답답해 보이지 않는다. 하이웨스트의 원피스나 스커트 또한 다리가 길어 보이고 허리가 날씬해 보이는 효과를 줄 수 있다. 대부분 이런 컬러톤을 선호하기 때문에 메이크업과 헤어스타일에서 차별화를 두어야 한다. 액세서리는 진주나 스왈로브스키 정도의 튀지 않는 사이즈의 제품을 착용하도록 한다.

페이스 차트

메이크업에 사용된 제품들

1. 파운데이션: 코겐도 모이스춰 파운데이션 **2.** 셰이딩: 캔메이크 글래머라이즈 브론저 02호 **3.** 아이섀도우: 로라메르시에 아이컬러 듀오 코코아 로즈 **4.** 아이라이너: 미샤 더 스타일 듀얼 아이팁 GL01 **5.** 마스카라: 에뛰드하우스 프루프 10 방수카라 청순방수 **6.** 블러셔: 로라메르시에 래디언트 크림 컬러 내장 블러셔 **7.** 하이라이터: 로라메르시에 래디언트 크림 컬러 하이라이터 **8.** 립: 로라메르시에 새틴 립 컬러 베일리 누드

3. 첫인상이 좋아 보이는
면접 메이크업

요즘 청년 실업문제가 장난이 아님을 피부로 몸소 느끼고 있는 취업 준비생들이 많을 것이다. 높은 학점, 다양한 자격증, 인턴 경험, 토익, 토플도 중요하지만 빠질 수 없는 것이 첫인상이다. 면접에서 자신의 첫인상을 좋게 각인시키려면 여자들 같은 경우는 메이크업으로 본인의 외모를 최대한 살려야 한다. 또 그에 어울리는 복장을 갖춰야 하는 것은 물론이다. 회사의 특성에 따라 면접이미지 메이킹에 변수를 둬야겠지만 가장 기본적인 것은 신뢰감 있고 깔끔하며 세련되고 밝은 인상을 주어야 한다는 것이다.

나도 대학 졸업식 바로 전날 이력서를 넣은 곳에서 연락이 와서 여의도에 있는 한 회사를 찾아갔다. 서울에서 4년을 보내긴 했지만 그때 63빌딩을 처음 봐서 너무 신기했었다. 떨린 마음을 가다듬고 면접에 임했고 며칠 뒤에 합격되었다는 통지와 함께 첫 사회 생활이 시작되었다. 그땐 몰랐었다. 돈 버는 것이 그렇게 힘들 줄은. 어쨌든 나중에 나의 면접 뒷이야기를 들어보니 너무 앳되보이는 외모 때문에 뽑을까 말까 고민되었다고 했지만 면접 시 대답을 또박또박 잘해서 한번 믿어보기로 했었단다. 사실 그때는 메이크업에 대해서도 관심이 없었고 서툴렀으며 파우더만 잘 바르면 화장은 잘한 것이라 믿고 있었기에 내 이미지에 대해 의심의 여지가 없었다.

또 정장 차림이 아닌 청바지 차림이었다는 것도 썩 칭찬해줄 만한 복장은 아니었다. 자신의 전공 분야에 따라 다르겠지만 다행히도 나는 디자인 팀이었기 때문에 자유로운 복장이 그렇게 문제가 되진 않았다. 자신이 면접을 보러 가는 회사와 부서의 성향이 보수적인지 개방적인지 잘 파악해서 융통성 있게 이미지 변화를 주도록 하자. 사무직은 지적이고 단정한 느낌, 영업직은 신뢰감 있고 활동적인 느낌, 디자인직은 개성 있고 트렌디하며 포인트가 있는 느낌으로 이미지 메이킹 하는 것이 무난하다. 그럼 취업난에서 구제해줄 나만의 면접 메이크업을 해보자.

베이스 메이크업

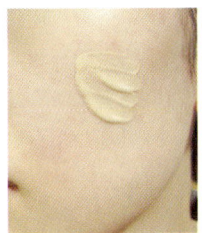

너무 페일한 베이스 제품보다는 살짝 노란기가 있는 웜한 느낌의 베이스를 사용하여 창백해보이지 않고 따뜻한 느낌의 인상을 주도록 한다. 아이섀도우나 립 컬러도 웜 피부에 어울리도록 매치해준다. 흉터나 그늘진 부분이 있다면 컨실러로 커버해서 칙칙하지 않고 밝고 깨끗한 인상을 주도록 한다.

아이 메이크업

1. 눈두덩이와 언더라인에 피치 컬러의 섀도우를 베이스로 바른다. **2.** 쌍꺼풀 라인과 언더라인 끝 쪽에 차콜 컬러와 아이섀도우를 덧발라 자연스러운 음영을 준다. **3.** 다크 브라운 컬러 펜슬 라이너로 윗라인과 언더라인 쪽에 점막 쪽을 꼼꼼하게 채워 그려준다. **4.** 속눈썹을 뷰러로 찝은 뒤 마스카라를 바른다.

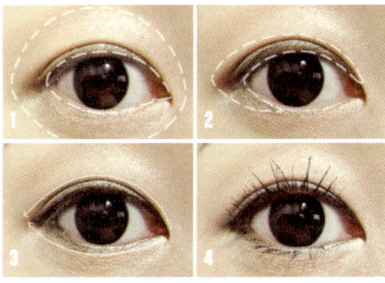

완성된 아이 메이크업

웜 피부톤에 자연스럽게 그러데이션되고 음영진 아이 메이크업. 색감이 너무 튀거나 라인을 너무 내빼 치켜 올리거나 펄감이 과한 제품은 피하고, 피부톤과 이질감이 많지 않은 컬러톤을 사용하는 것이 좋다. 피치톤의 컬러가 눈매를 화사하게 보이게 하면서 색감이 강하지 않아서 면접 아이 메이크업으로는 딱 좋다. 펜슬타입의 아이라이너를 사용한 만큼 번졌는지 틈틈이 확인한다.

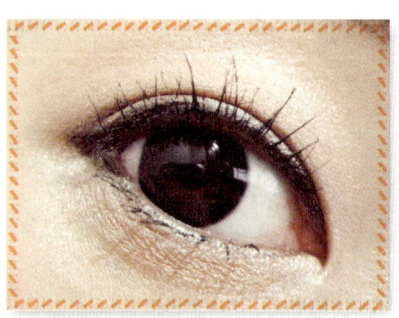

립 & 치크 메이크업

생기있는 홍조를 줄 수 있는 코랄 핑크 컬러의 블러셔를 발라 지루해 보이는 인상을 주지 않도록 한다. 패기 넘치는 사회 초년생의 이미지는 혈색있는 블러셔로 표현하기에 좋다.

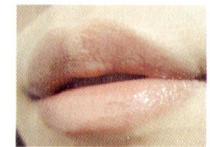

입술은 너무 트렌디한 딸기우유 립스틱을 바른다거나 누디하고 페일한 베이지 컬러를 바르는 것은 삼가고 핑크 베이지 또는 코랄 핑크 정도로 선택하고 너무 매트한 텍스처의 제품은 건조해 보일 수 있으니 자제한다. 발색력 있고 글로시한 텍스처의 립 제품을 바른다.

완성 메이크업

단정하고 혈색있는 메이크업으로 면접관의
시선을 사로잡을 준비 완료. 눈썹은 내추럴하
고 너무 각지지 않게 그린다. 각지거나 눈썹이
어색하면 첫인상에
마이너스가 될 수 있
다. 또렷하고 베이직
한 느낌으로 면접뿐
만 아니라 데일리 메
이크업으로도 좋다.

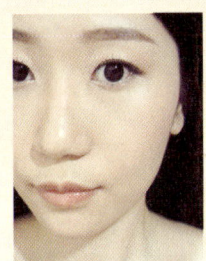

의상 착용 후 헤어스타일은 답답한 뱅 스타일
보다는 이마를 시원스럽게 드러내거나 한쪽으
로 가르거나 단정하게 하나로 묶은, 단발 스타
일이 깔끔해 보인다. 헤어, 메이크업, 옷 3박자
가 다 갖춰졌다면 당
당하게 면접에 임하
자. 이 정도면 면접
성공률 100%!

페이스 차트

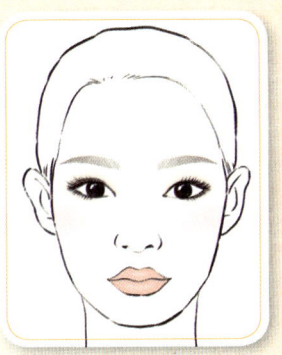

메이크업에 사용된 제품들

1. 파운데이션: 부르주아 꼼 아프레 디제르 드 쏘메이
72호 **2.** 블러셔: 맥 헤더렛 컬렉션 뷰티 파우더 알파
걸 **3.** 아이섀도우: 라네즈 디자이닝 아이즈 섀도 **4.**
아이라이너: 미샤 더 스타일 듀얼 아이팁 CR01 **5.**
마스카라: 투쿨포스쿨 아이레슨 올 어바웃 마스카라
6. 립: 메이블린 워터샤인 에센스202 코랄 참

4. 신부보다 빛나는 결혼식 하객 메이크업

해가 갈수록 나이, 주름살만 느는 것이 아니라 청첩장을 받는 횟수도 늘어난다. 청첩장을 받고 나면 신경 쓸 일이 생각보다 많다. "뭘 입고 가지?"가 가장 먼저 걱정이다. "뭘 입지?"에서 시작한 고민은 "뭘 신고 가지? 화장은? 가방은?" 꼬리에 꼬리를 물고 고민 아닌 고민에 빠지게 된다. 결혼식장에 가게 되면 오랜만에 친구들도 만나게 되고 신랑의 친구들도 눈여겨보게 되고 하니 더 외모에 신경 쓸 수밖에 없다.

결혼식 갈 때의 전체적인 이미지 메이킹은 나뿐만 아니라 주인공인 신랑, 신부에게도 영향을 끼친다. 신랑, 신부의 부모님과 친지 어른들도 함께 하는 자리이니 책임감을 가지고 자리에 임해야 한다. 내 친구 욕 먹이지 않으려면 이미지 메이킹과 함께 에티켓을 잘 지켜주도록 하자.

결혼식 하객 에티켓

1. 늦어도 30분 전에 예식장에 도착한다.
2. 축의금은 미리 봉투에 담아온다.
3. 신부에게 예쁘다는 칭찬을 많이 해준다.
4. 신부가 주인공이므로 신부의 들러리답게 기념사진을 찍을 때 거부하지 않는다.
5. 뒷좌석에 앉아서 떠들지 말고 앞좌석에 앉아 지켜보며 행복을 빌어준다.
6. 박수를 쳐주어야 할 때 힘껏 쳐준다.
7. 친구, 직장동료 사진 찍을 타임에 빠지 말고 촬영에 임한다. 친구들이 빽빽하게 차 있어야 더 보기 좋은 사진이 된다.
8. 부케를 받는다면 한번에 잘 끝낼 수 있도록 두 손으로 감싸 안고, 중간에 버리지 말고 집까지 가져가는 것이 예의다.
9. 신랑, 신부에게 눈도장만 찍고 피로연장으로 직행하지 말자.
10. 좋은 일로 축하해주는 것인 만큼 의상은 화사하고 밝은 것을 입는 것이 좋다. 화이트는 주인공인 신부의 고유색이니 피하는 것이 좋고 친한 사이라고 해도 청바지나 일상복 차림도 피하자.

베이스 메이크업

오랜만에 친구들을 볼 텐데 폭삭 늙은 얼굴로
갈 수 없지 않은가. 조금이라도 탱탱하게 보이
려면 윤기 있고 어려 보이는 피부에 중점을 두
어 광택 있는 베이스를 사용하고 페이스 라인
가장자리에는 가볍게 파우더팩트를 눌러준다.
또한 사진 촬영이 많은 날이므로 얼굴에 적절
한 셰이딩을 해주는 것이 좋다.

아이 메이크업

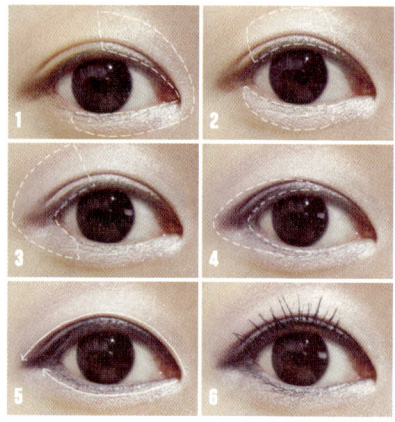

1. 화이트 컬러의 아이섀도우를 눈두덩이와 언더라인 앞
쪽에 바른다. 눈 앞쪽이 밝아야 눈매가 시원해 보이고 얼
굴이 밝아 보인다. **2.** 라이트 핑크 컬러의 아이섀도우를
그 뒤에 이어 발라 자연스럽게 블렌딩해준다. **3.** 라벤더
퍼플 컬러의 아이섀도우를 눈꼬리쪽에 발라 앞쪽에서부
터 뒤쪽으로 자연스럽게 그러데이션 된 느낌을 준다. **4.**
눈꼬리 쪽에 얇게 짙은 바이올렛 컬러의 아이섀도우를
발라 음영을 줘서 그윽하게 보이게 한다. **5.** 퍼플 컬러의
펜슬 라이너로 눈의 윗라인과 언더라인을 꼼꼼히 채워
그려준다. 그윽함이 강조되기 위해서는 리퀴드나 젤 타
입보다는 펜슬 타입의 라이너가 알맞다. **6.** 속눈썹을 뷰
러로 찝은 뒤에 마스카라를 발라준다.

립 & 치크 메이크업

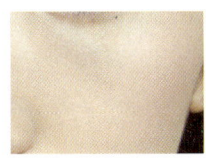

매트한 텍스처보다
는 쉬머한 텍스처의
핑크빛 블러셔로 볼
에 수줍은 홍조를 연
출하고 번쩍번쩍 빛나는 하이라이터는 생략한
다. 오버스러운 물광 느낌은 여기에 어울리지
않는다.

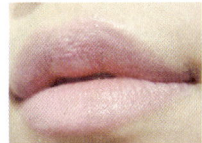

퍼플컬러와 잘 어울
리는 푸른기가 도는
핑크 컬러의 립스틱
을 바른다. 피로연장
에서 식사를 하면서 메이크업이 지워질 수 있
으니 수정화장에 신경 쓰도록 하자.

완성된 아이 메이크업

무난하게 블랙컬러의 정장을 많이 선호하지만
그 외 컬러의 옷을 고른다면 신부와 겹치지 않
으면서 화사한 느낌을 줄 수 있는 핑크, 바이
올렛, 퍼플, 베이지계열의 컬러가 괜찮을 것이
다. 메이크업도 핑크와 퍼플을 믹스해 여성스
럽고 그윽한 느낌으로 연출하면 좋다.

완성 메이크업

성숙함, 여성스러움이 한껏 느껴지는 소프트
한 라벤더 & 핑크 메이크업이 완성되었다.

 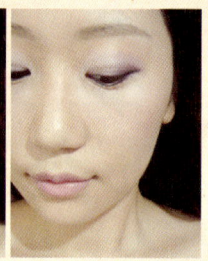

의상 착용 후 이번 메이크업은 블랙, 그레이,
퍼플, 바이올렛, 핑크 계열의 옷과 원피스류의
의상과 매치하기 좋고 여성미가 느껴지는 정
장 스타일에 어울린다. 여기에 진주나 스왈로
브스키 액세서리로 마무리해주면 신부보다 예
쁜 하객이 될 수 있
지 않을까 싶다.

페이스 차트

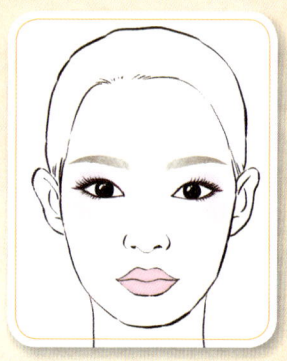

메이크업에 사용된 제품들

1. 파운데이션: 조르지오 아르마니 롱래스팅 실크 파
운데이션 **2.** 베이스: 조르지오 아르마니 플루이드 쉬
어 7호 **3.** 파우더: 토니모리 루미너스 쉬어 팩트 **4.**
아이섀도우: 디올 5꿀뢰르 이리디슨트 169호 **5.** 아
이라이너: 네이처 리퍼블릭 아이러버 펄 펜슬 퍼플 **6.**
마스카라: 스킨푸드가지 플럼핑 볼륨 마스카라 **7.** 블
러셔: 라끄베르 아이스키스 멀티쉬머 1호 저스트어걸
8. 립: 슈에무라 루즈 언리미티드 PK344

5. 나이를 거꾸로 먹는
동안 메이크업

아줌마가 아닌 영원한 아가씨이고 싶은 마음. 나이
가 들수록 노화의 흔적들이 늘어만 감에 따라 콤플렉스도
늘어가고 예쁘다는 말보다는 어려 보인다는 말이 더 듣기
좋아진다. 하루하루 나의 어제가 나의 한달 전이, 나의 1
년 전이, 나의 10년 전이 그리워진다. 의학의 힘을 빌려
젊음을 되찾을 수 있겠지만 모든 사람들이 다 의학의 힘
을 빌릴 여건이 되지는 않는다. 이럴 때는 메이크업으로
커버하는 것도 한 방법. 그럼 도대체 동안으로 보이려면
어떻게 해야 할까?

전문가들은 동안의 조건을 이렇게 말했다. 아기 같
이 깨끗하고 맑은 피부, 작고 동그란 얼굴형, 짧은 턱, 크
고 동그란 눈, 도톰한 눈밑 애교살, 완만한 콧등에 둥근
콧망울, 얼굴에 비해 크지 않고 짧은 듯한 코, 통통하고

촉촉하며 아랫입술이 더 도톰한 입술, 약간 통통한 볼살, 동그랗게 볼륨감 있는 이마 등등. 참 나열하면서도 뭐가 이렇게 조건이 많은지 동안 되기 정말 힘든 것 같다.

내 나이의 흔적을 커버하면서 메이크업을 해야 위에 나열된 조건에 맞는 동안처럼 보일 수 있다. 메이크업은 우리의 눈을 감쪽같이 속여 나이들어 보이게도 어려 보이게도 하는 힘을 가지고 있으므로 잘 이용하면 다섯 살쯤 어려 보이게 하는 것은 식은 죽 먹기다. 그럼 메이크업으로 한번 회춘해볼까?

베이스 메이크업

칙칙한 피부를 무조건 살려내자. 은은한 펄감
이 가미된 제품을 사용해 윤기를 주고 건강한
피부표현을 한다. 또 늘어진 모공은 모공 파우
더나 프라이머로 커버해서 스무살의 솜털피부
느낌을 살린다. 눈가의 칙칙한 다크서클은 수
분감이 좋은 리퀴드, 크림 타입의 컨실러로 커
버한다. 셰이딩을 해서 얼굴 윤곽을 다듬어 주
면 어려 보일 수 있다. 동안의 조건을 만족시
키기 위해서 코와 이마 부분에 셰이딩 효과를
주어 볼록한 이마와 짧은 코로 연출한다.
하이라이터는 이마 중앙과 콧등, 광대뼈에 가
볍게 터치해 은은한 윤기를 부각시켜 볼에 볼
륨감을 주고 피부 결점은 커버해서 깨끗한 피
부로 만든다. 그리고 전체적인 화장이 너무 두
터워 보이지 않게 파우더도 가볍게 살짝만 바
른다.

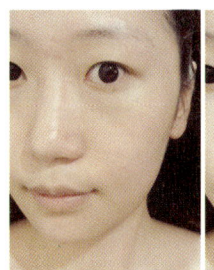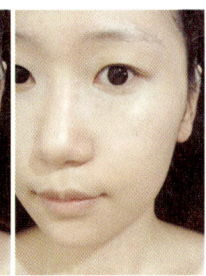

아이브로우

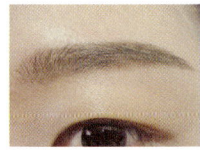

동안 메이크업에 있
어서 눈썹은 그 어
떤 메이크업 눈썹보
다도 표현이 중요하
다. 도톰하고 숱이 많아 보이는, 각도가 완만한
1자형의 눈썹이 착하고 어려 보이는 느낌을 준
다. 아이브로우 파우더나 펜슬로 눈썹의 빈부
분을 채운 뒤에 아이브로우 마스카라로 눈썹
을 한올한올 살려 풍성하게 보이게 한다.

아이 메이크업

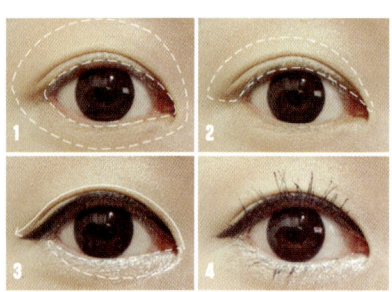

1. 눈매를 환하게 하기 위해 아이보리 컬러로 밝게 베이스를 깐 뒤에 베이지 컬러의 아이섀도우를 눈두덩이와 언더라인에 바른다. **2.** 미세한 핑크 컬러의 아이섀도우를 눈두덩이에 얇게 발라 블렌딩한다. **3.** 블랙 컬러의 젤라이너로 윗라인에 꼼꼼히 채워 그리고 눈꼬리는 너무 길게 내빼지 않고 치켜 올리지 않는다. 언더라인은 화이트 펜슬로 라인을 그리고 앞쪽에는 화이트 컬러 아이섀도우를 발라 눈이 동그랗고 커 보이는 효과를 주며 애교살을 살린다. **4.** 속눈썹을 뷰러로 찝은 뒤에 볼륨감보다는 컬링감을 살려 마스카라를 바른다.

완성된 아이 메이크업

색감으로 그윽한 효과를 주는 것보다는 눈 주위의 칙칙함을 밝게 커버하고 또렷하면서도 반달같이 동그랗고 커 보이게 한다. 스모키 메이크업만 죽어라 하다 언더라인을 안 그리면 휑~하기도 하겠지만 어려 보이고 투명해 보이는 느낌은 확실하다.

치크 메이크업

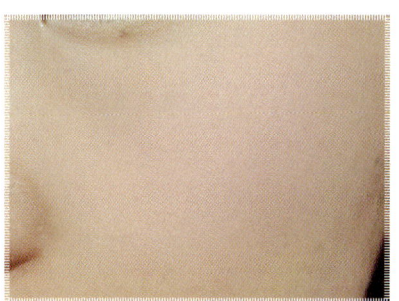

라벤더톤의 핑크 컬러를 골라 볼 앞쪽에 동글동글하게 발라 앳되고 화사한 볼터치를 한다. 투명한 듯한 피부 표현에 한몫하고 피부의 노란기를 커버해주면서 확실히 어려 보이게 한다.

립 메이크업

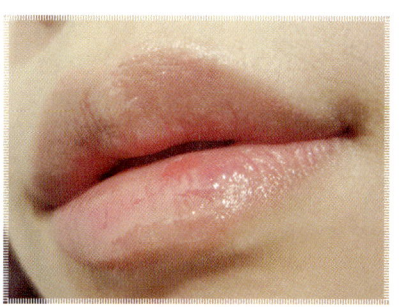

색감을 많이 욕심내지 않고 무난하고 쉽게 핑크를 선택하면 동안 메이크업에 실패란 없다. 핑크색 틴트를 발라 자연스러운 입술의 혈색을 표현하고 그 위에 립플럼퍼를 덧발라 주름을 커버하여 촉촉하고 볼륨감 있는 입술로 변신한다. 입술이 매트하고 주름이 부각되면 건조해 보이고 나이 들어 보이기 딱 좋다.

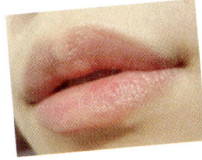

완성 메이크업

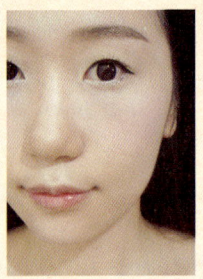

반달 같은 동그란 눈매, 동그란 이마, 화사한 볼, 도톰한 입술로 동안의 조건에 가깝도록 했다.

의상 착용 후 여자의 나이는 무죄! 메이크업만으로도 얼마든지 젊고 어려 보일 수 있다. 물론 깊은 주름까지는 그 흔적을 없앨 수는 없겠지만, 동안의 조건을 잘 기억하고 있다가 그에 가깝게 메이크업 하는 노하우를 익힌다면 많은

돈 들이지 않고 자신의 또래보다 더 어려 보일 수 있을 것이다. 물론 주름이 생기지 않게 평소 습관을 잘 들이는 것도 중요하겠다.

페이스 차트

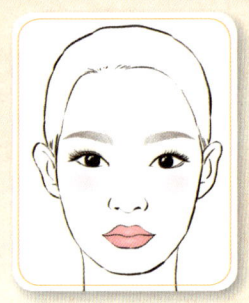

메이크업에 사용된 제품들

1. 베이스: 맥 스트롭 크림 **2.** 파운데이션: 아모레퍼시픽 틴티드 바운드 틴티드 모이스춰라이저 **3.** 파우더: 클리오 다이아몬드 로즈팩트 **4.** 하이라이터: 제니스웰 스타글로우 **5.** 블러셔: 에뛰드하우스 모델페이스 컬러 6호 패션 라벤더 **6.** 아이섀도우: 바비브라운 롱웨어 크림 섀도우 글래이셔, 조르지오 아르마니 누드 콘트라스트 팔레트, 에뛰드 하우스 반짝 눈물 파우더 1호 **7.** 아이라이너: 스틸라 스머지팟 블랙, 미샤 듀얼 아이팁 화이트 **8.** 마스카라: 리트모 롱앤 컬 마스카라 **9.** 립: 베네피트 포지틴트, 디올 립 맥시마이저

6. 바쁜 출근길에 지각 면하는 **퀵 메이크업**

여자들의 아침은 남자들보다 더 바쁘다. 아침밥보다도 더 우선시되는 아침 메이크업. 매일 같은 야근과 이른 출근으로 잠자기도 부족한데 아침마다 풀 메이크업을 해내기란 쉽지 않다.

하지만 쌩얼로 나가기는 싫은데 잠은 더 자고 싶고 회사로 가는 차, 지하철 안에서 용감하게 남들 시선 의식하지 않고 메이크업 하는 내 모습을 차근차근 공개할 자신도 없고. 나도 회사생활을 할 때 잠에 찌들어 메이크업을 제대로 할 여유를 갖지 못했다. 씻고 화장대 앞에 앉으면 메이크업 베이스에 파우더 덧바르고 눈썹 그리고 립글로스 달랑 바르고 겨우 집을 나섰다. 그래 놓고 점심 때쯤 되면 화장했는데 만날 남아 있지 않고 쌩얼 같다며 내 피부를 탓했다. 회사 직원들이 "혜지 씨는 왜 화장을 안 해?" 이렇게 물어오면 "저 오늘 했는데요?" 이런 식이었다. 했는데 안 한 것처럼 보이는 투명화장도 아니고 그나마 몇 개 찍어 바른 아침시간이 아까울 정도였다. 이런 의도하지 않은 투명 메이크업에서 벗어나려면 어느 정도 갖춰진 메이크업을 했다는 느낌이 있어야 한다. 그래서 기존에 자신의 화장대에 있는 단품의 메이크업 제품보다는 한 제품에 여러 가지 기능이 있는 멀티 제품을 사용하여 제품의 단계를 줄이고 사용방법을 쉽게 하여 시간을 줄이도록 한다.

퀵 메이크업 아이템

비비크림 + 컨실러 + 하이라이터 3가지 아이템이 한꺼번에 구성된 베이스 제품. 간단하게 이 제품 하나만 사용하면 잡티 커버에서부터 피부 윤기까지 더해진 완벽한 피부톤을 연출할 수 있다.

아이섀도우 + 하이라이터 + 블러셔 + 립글로스 자그마치 4개의 아이템이 구성. 눈에서 피부, 입술 포인트 화장 마무리까지 논스탑으로 해결할 수 있다.

블러셔 & 틴트 틴트 하나로 볼과 입술에 빠르게 생기를 불어넣어주어 정말 급할 때는 쌩얼에 틴트 하나만 써주어도 달라 보일 수 있다.

아이섀도우 + 아이라이너 + 블러셔 아이 메이크업의 시간을 줄여주는 멀티 팔레트.  눈화장이 다른 포인트 메이크업에 비해 시간이 많이 드는데 팔레트 안에 편하게 색 구성이 다 되어 있다. 블러셔까지 내장되어 있어 눈과 볼에 빠른 메이크업이 가능하도록 해준다.

 **팁 아이섀도우** 펜슬형의 아이섀도우로 팁에 아이섀도우가 묻혀져 있어 따로 브러시를 사용하지 않고도 빠르게 아이 메이크업을 할 수 있고 휴대가 편해 나중에 수정 메이크업도 쉽다.

아이라이너 + 아이섀도우 팁이 달린 아이섀도우와 같은 계열의 아이라이너가 양  쪽에 달려 있어 쉽고 간단하게 아이컬러를 매치할 수 있다. 역시 휴대가 간편하고 수정메이크업이 용이하다.

베이스 메이크업

바쁠 때는 기초단계에서 토너, 에센스, 수분크림 정도만 발라주고 바로 자외선 차단제부터 발라 베이스 메이크업을 시작한다. 그 시간도 되지 않는다면 보습, 자외선 차단, 피부톤 보정이 한번에 되는 멀티 베이스 제품을 사용하여 시간을 줄이도록 한다.

아이 메이크업

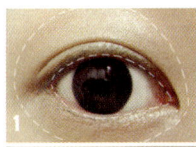 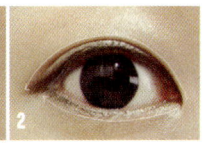
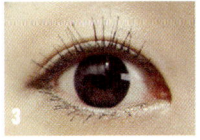

1. 눈두덩이와 언더라인에 멀티제품에 내장된 아이섀도우를 한 컬러로 심플하게 바른다. **2.** 아이섀도우와 비슷한 톤의 아이라이너를 골라 아이라이너를 꼼꼼하게 그려준다. **3.** 속눈썹을 뷰러로 찝은 뒤에 마스카라를 위, 아래로 발라 화장한 느낌을 극대화시켜준다.

립 & 치크 메이크업

완성된 아이 메이크업

퀵 메이크업을 할 때 서두르다 보면 메이크업
이 엉망이 될 수도 있으니 이것저것 다 할 욕
심을 버리고 빠르게 메이크업 할 수 있는 제
품을 골라 그 안에서 해결하려고 해보자. 아이
메이크업 같은 경우는 손이 많이 가는 포인트
메이크업이지만 단색의 아이섀도우로 심플하
게 발라주고 아이라인과 마스카라만으로 눈매
를 극대화시키는 것이 빠르다.

멀티 제품에 내장된 크림 블러셔를 광대뼈 볼
쪽 중심에서 바깥쪽으로 자연스럽게 그러데이
션해주고 크림 하이라이터를 가장 돌출된 부
위에 덧발라 광택감을 준다. 광대뼈, 눈썹뼈,
이마, 콧등에 발라 자연스러운 윤기를 줘서 피
부표현을 마무리 한다.

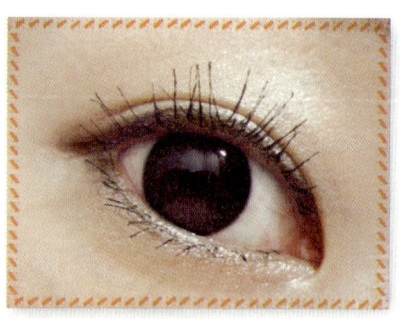

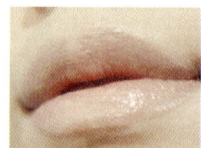

간단하게 내장된 립
글로스를 사용해 입
술을 촉촉하게 볼륨
감있게 만든다. 립

메이크업은 바깥에서도 수정이 편하기 때문에
다른 컬러의 립 제품을 휴대하여 더 혈색있게
바꾸어주어도 된다.

완성 메이크업

이 메이크업은 단 15분 만에 완성! 보통 메이크업 할 때 1시간 정도 소요되는 것에 비해 빠르게 마무리할 수 있다. 색감이 많이 강조되지 않는 무난한 메이크업이므로 나중에 좀 더 색감을 가미해 수정화장을 할 때도 부담스럽지 않게 할 수 있다.

의상 착용 후 오피스 레이디 룩과도 잘 어울릴 수 있는 편한 데일리 메이크업. 무겁고 인위적인 느낌이 아니라 15분 만에 1시간 동안 메이크업 한 효과를 그대로 누릴 수 있게 해주는 것이 퀵 메이크업의 힘. 이제 더 이상 차 안에서 나의 변신 과정을 노출할 필요도 없고 회사에서도 화장 안 한 얼굴이라고 오해 받을 일도 없을 것이다.

페이스 차트

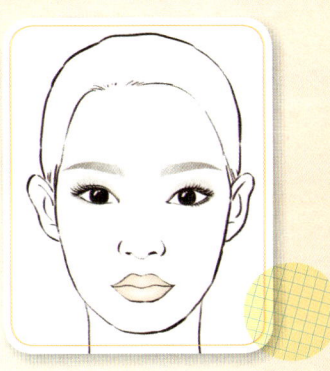

메이크업에 사용된 제품들

1. 파운데이션: 헤라 HD파운데이션 **2.** 아이섀도우: 비디비치 메이크업 스타일러 파티 스타일러 내장 아이섀도우 **3.** 아이라이너: 토니모리 크리스탈 데코레이션 브라운 **4.** 마스카라: 라네즈 퍼펙트 래시 마스카라 **5.** 블러셔: 비디비치 메이크업 스타일러 파티 스타일러 내장 크림 블러셔 **6.** 하이라이터: 비디비치 메이크업 스타일러 파티 스타일러 내장 크림 하이라이터 **7.** 립: 비디비치 메이크업 스타일러 파티 스타일러 내장 립글로스

7. 조명발 잘 받는 샤이니 **클럽 메이크업**

매달 마지막 주 금요일, 오후 9시부터 다음 날 오전 6시까지가 홍대 클럽데이로 홍대 거리에 수많은 클러버들이 모인다. 난 이젠 즐기기엔 너무 멀리 와버린 품절녀이지만 나 같이 매여 있는 분들이 아니라면 금요일에서 토요일로 넘어가는 시간을 클럽에서 즐기는 것도 좋을 것 같다.

놀 땐 놀고 일할 땐 일하고 공부할 땐 공부하고, 가끔 스트레스 풀기 위해 춤 추면서 떨쳐내버리는 것도 좋다. 나처럼 먹는 걸로 푸는 것보다 음악과 춤과 함께 하는 것이 좀 더 영양가가 있을 듯 싶다. 클럽은 조명이 화려하기 때문에 색감보다는 빛나는 텍스처를 강조해서 조명발을 잘 받는 메이크업을 해야 한다. 메이크업이 조명발에 빠진 날! 당신은 퀸카가 될 수 있을 것이다.

베이스 메이크업

베이스 메이크업은 소위 말하는 물광 느낌으로 해주면 좋다. 펄감이 두드러지는 쉬머 베이스나 촉촉한 파운데이션을 섞어 바르거나 크림이나 리퀴드 타입의 하이라이터와 함께 사용하여 촉촉하고 쉬머한 느낌의 피부 표현을 한다. 이때 파우더는 되도록 자제하고 파운데이션의 끈적임이 걸린다면 펄 파우더로 가볍게 쓸어주는 정도만 사용한다. 물광 느낌의 파운데이션은 피부 단점이 고스란히 느껴져서

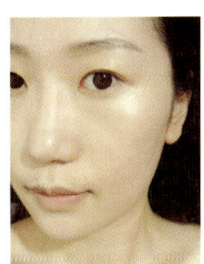

상태가 안 좋은 피부에 바를 경우에 오히려 지저분해 보일 수 있으니 컨실러를 사용해 결점을 잘 커버하도록 한다.

아이 메이크업

춤을 추고 땀을 흘리다 보면 화장이 번질 수도 있기 때문에 지속력이 좋은 제품을 사용하는 것이 관건이다. 또 물광 피부에 어울릴 만한 텍스처로 메탈릭한 제품을 고르면 조명발이나 플래시 세례에서 돋보일 수 있다.

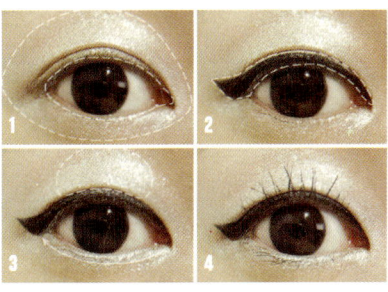

1. 실버 컬러의 크림 아이섀도우를 눈두덩이와 언더라인에 바른다. **2.** 블랙 아이라인을 두껍게 그리고 눈꼬리는 치켜 올라가게 그려 눈꼬리를 강조한다. **3.** 언더라인에 실버 라이너로 라인을 그려 실버느낌을 강조한 다음 눈두덩이에 글리터리한 펄감을 얹어 반짝임을 더해준다. **4.** 속눈썹을 뷰러로 찝어준 뒤에 마스카라를 위, 아래로 바른다.

립 메이크업

완성된 아이 메이크업

블랙 아이라인말고 컬러풀한 아이라인으로 대
체해도 좋다. 피부 못지 않게 눈매도 조명발에
좌우되기 때문에 아이섀도우의 질감을 잘 선
택해서 빛나는 눈매로 연출한다.

아이 메이크업에서 색감이 두드러지지 않기
때문에 립에 포인트를 줬다. 핫핑크 컬러 초이
스! 펑키하고 발랄한 느낌을 주기에는 누디한
색감보다는 이런 비비드한 컬러가 더 좋을 것
같고 주목도 많이 받을 수 있을 것이다. 핫핑
크 립스틱을 발라 준 다음에 립글로스를 덧발
라 지속력을 높여주고 볼륨감을 더한다.

바디 메이크업

클럽에 갈 땐 얼굴뿐만 아니라 바디에도 메이크업을 해주어야 한다는 사실. 얼굴은 번쩍번쩍한데 몸은 아기피부처럼 보송보송하면 NG! 클럽에서 꽁꽁 껴입고 춤추는 것도 아니고 어느 정도 팔 다리 노출이 있을 때 펄 파우더나 펄 스프레이를 뿌려 쉬머한 바디 연출을 하도록 한다. 조명을 받을 때 더 탄탄하고 슬림한 느낌으로 착시효과를 줄 수 있다. 또 주사자국이 신경 쓰인다면 그 부분에 일회성 타투를 하는 것도 센스있다.

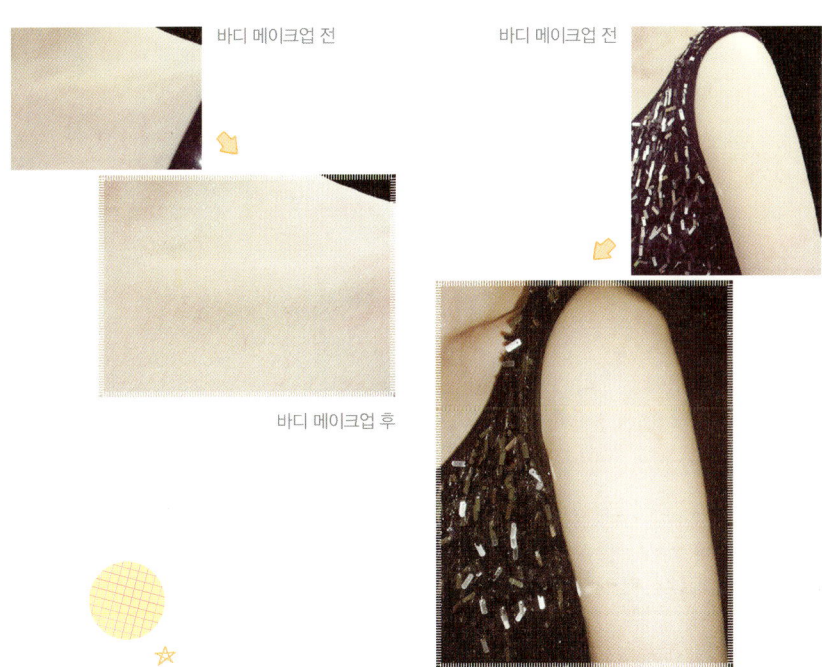

바디 메이크업 전

바디 메이크업 전

바디 메이크업 후

바디 메이크업 후

완성 메이크업

시원해 보이면서도 포인트가 잘 살아있는 클럽 메이크업. 춤추다 보면 자연 홍조가 생길 테니 치크는 따로 발라주지 않았다. 실버 만큼이나

골드 톤도 클럽 조명을 잘 받을 수 있으니 골드 톤의 블링블링 메이크업도 추천! 마지막에는 메이크업 픽서로 한 번 더 고정해주자.

의상 착용 후 실버 액세서리와 스팽글 티셔츠를 매치해봤다. 당장 클럽으로 가도 될까나! 플래시를 터뜨리니 훨씬 메이크업 질감이 잘 살아난다.

페이스 차트

메이크업에 사용된 제품들

1. 파운데이션: 라네즈 스노우 크리스탈 쉬머 듀얼 파운데이션 **2.** 하이라이터: 라네즈 스노우 크리스탈 쉬머 듀얼 파운데이션 내장 하이라이터 **3.** 아이섀도우: 엔프라니 핸디 컬러 크림섀도우 실버 오브 가드니스, 메이크업포에버 다이아몬드 파우더 1호 **4.** 아이라이너: 로트리 브러시펜 아이라이너, 네이처 리버블릭 아이러버 펄 펜슬 **5.** 립 : 네이처 리퍼블릭 루시드 스타 모이스춰 립스틱 쏘핫 핑크, 메이블린 물광스틱 푸치아 **6.** 바디: 제니스웰 아로마틱 쥬얼리 파우더, 바닐라코 도쿄스캔들 펄 바디 미스트

8. 설원에서 빛나는 스키장 메이크업

겨울 레포츠의 꽃은 누가 뭐래도 스키. 나는 운동, 특히 스피디함과 몸을 사용하는 건 별로 좋아하지 않는 관계로 스키는 한 번도 안 타봤지만. 어쨌든 스키장에 가기 전에 의외로 꼼꼼히 챙겨야 할 부분들이 많다. 스키장의 위치상의 특성과 눈, 차가운 기온 등이 평소보다 피부를 더 상하게 하기 때문에 준비를 단단히 해가야 한다. 스키를 즐겁게 타는 것도 중요하겠지만 피부를 지키는 것도 중요하다. 물론 화려한 스키복과 어울리는 예쁜 메이크업도! 그럼 지금부터 스키장에서 빛나는 메이크업 팁에 대해서 알아보자.

스키장 뷰티팁

1. 각질제거 스키장 가기 4~5일 전에 미리 각질 제거를 해주자. 각질제거가 우선시 되어야, 이후에 바를 스킨케어 제품들이 스펀지처럼 쏘옥쏘옥 잘 스며들 수 있다. 각질제거를 생략하고 스킨케어 제품을 발라봤자 효과를 보기 어렵다. 너무 자극적인 스크럽 제품 말고 가볍게 닦아내는 정도의 제품을 사용하여 민감해지지 않도록 주의하도록 한다.

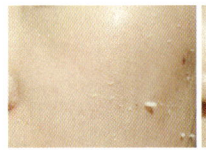

2. 집중 보습 케어 각질케어를 해주고 난 뒤에는 스키장 가기 전부터 갔다 온 뒤까지도 보습 케어에 많은 신경을 써야 한다. 스키장은 평지

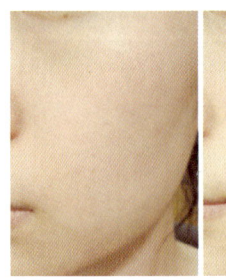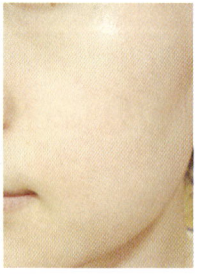

보다 높은 곳에 위치해 있어 바람도 더 거세고 눈 때문에 기온도 더 낮기 때문에 피부 건조증을 일으킨다. 조금만 소홀해도 지성피부가 건성피부로 바뀌는 건 시간 문제이다. 수분 에센스나 수분 크림을 발라 철저하게 보습에 중점을 둔 스킨케어를 한다. 또 눈가 피부는 유분이 생성되지 않아 건조하고 예민한 부위이므로 쉽게 거칠어질 수 있으니 아이크림은 꼭 챙겨 바르도록 하고 스키를 탈 때는 반드시 고글을 착용한다.

3. 꼼꼼한 자외선 차단 자외선은 여름에만 잘 차단하면 된다? 절대 NEVER!

스키장에서의 자외선 노출은 그 어떤 계절 자외선 노출보다 수치가 높다. 스키장에서 발생하는 자외선 80% 이상이 눈에 반사된다는 사실. 자칫 무시했다가는 스키장 다녀와서 기미, 주근깨가 솔솔 올라오게 될 것이다. 그때 후회하면 늦는다. 자외선 차단제를 꼼꼼히 발라 자외선을 막아주자. 이때 자외선 차단제의 자외선 차단지수를 잘 살펴야 하는데 평소에는 SPF지수 30정도 사용한다면 스키장에서는 SPF지수 30 이상을 사용하는 것이 좋다. 또

한 PA 지수도 꼭 들어있는 제품을 사용한다. +가 2~3개 정도로 선택하고 PA 지수가 없는 자외선 차단제는 그냥 내려놓는다.

4. 자외선 차단은 수시로 자외선 차단은 선크림만 발랐다고 해서 끝나는 것이 아니다. 3~4시간에 한 번씩 덧발라주어야 효과가 지속될 수 있다.  메이크업을 한 상태에서 선크림을 지속적으로 발라주기는 어려우니 자외선 차단지수가 높은 파우더를 덧발라준다. 아니면 자외선 차단지수가 있는 리퀴드 파데 샘플을 휴대하고 다니면서 계속 덧발라주는 것도 좋다. 계속 덧바른다고 화장이 많이 두꺼워지는 건 아니니 너무 걱정 말자.

5. 촉촉한 립케어 입술은 눈가만큼이나 예민한 부위이다. 입술은 얼굴 피부와 다르게 쉽게 간과하는데 케어를 안하면 입술 탄력이 떨어지고 잔주름이 생겨나 쪼글쪼글해지고 부르틀 수 있다. 입술도 보습에 신경을 쓰고 자외선에 노출되지 않게 자외선 차단지수가 있는 립밤을 사 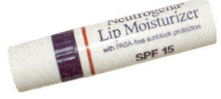 용해주는 것도 좋다. 립밤을 사용하고 립글로스를 덧발라도 된다.

6. 팩과 마사지로 피부회복하기 보습과 철저한 자외선 차단에도 불구하고 스키를 탄 후의 피부는 평소의 피부와는 많이 다르게 거칠고 지쳐있을 것이다. 즉각적으로 회복시키지 않으면 며칠, 아니 몇 달을 피부로 고생할지도 모른다. 스키를 탄 후에도 수분 공급은 필수로 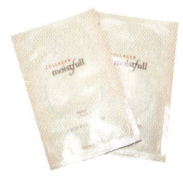 해주자. 보습 마스크팩은 물론 거친 피부를 달래주는 마사지, 영양을 공급해주는 오일 등을 사용하여 피부회복에 전념한다.

7. 눈가 집중관리 눈가 또한 따로 케어하자. 찬 바람과 맞선 눈가 피부는 오돌도돌 하니 피부가 거칠고 푸석푸석해지는 것을 느낄 수 있을 것이다. 아이패치나 아이젤을 이용하여 눈가를 위한 스페셜 케어 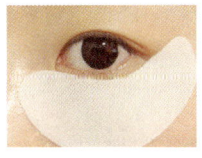 를 해준다. 눈가 주름은 한번 생기면 되돌리기 너무너무 힘든 부분이니 예방이 중요하다.

베이스 메이크업

스키장 메이크업의 포인트는 보습과 워터프
루프이다. 스킨케어에 이어 보습에 중점을 둔
베이스 메이크업, 눈이나 땀에도 지워지지 않
는 워터프루프 색조 메이크업이 되어야 비로
소 실용적이고 예쁜 스키장 메이크업을 할 수
있다. 베이스 메이크업을 할 때 오래 지속되기
위해서 프라이머를 사용하거나 메이크업 후에
메이크업 픽서를 뿌려 픽스 해주는 것이 좋다.
또 촉촉한 수분 펄 베이스를 사용하여 피부를
윤기 있고 촉촉하게 연출하면서 보습에도 영
향을 줄 수 있다. 파운데이션은 수분 함량이
많은 리퀴드 파운데이션이나 리치한 크림 파
운데이션을 사용해 한 번 더 보습력을 강화해
서 촉촉하고 글로시한 느낌의 베이스를 완성
해준다. 파우더는 건조함을 불러 일으킬 수 있
으므로 생략하거나 브러시로 살짝 쓸어주는
정도로만 사용하고 수정화장할 때 사용하도록
한다.

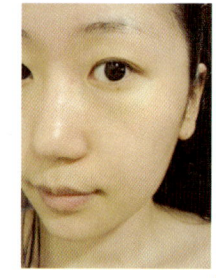
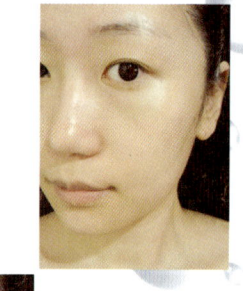
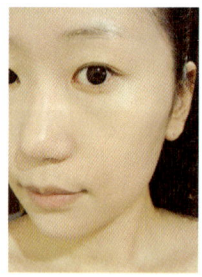

아이 메이크업

고글 안에 습기가 차면 아이 메이크업이 번지기 쉬우므로 워터프루프 타입을 골라 사용하도록 한다.

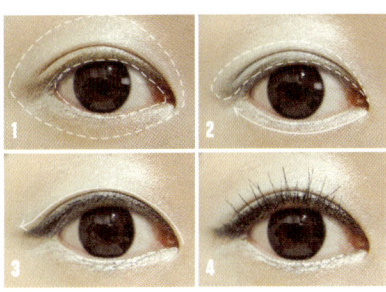

1. 지속력이 강한 크림 섀도우를 눈두덩이와 언더라인에 발라 위에 바를 아이섀도우를 오랫동안 픽스되고 지워지지 않도록 해준다. 이후에 실버 컬러의 아이섀도우를 아이베이스 위에 덧발라 쉬머한 느낌을 준다. **2.** 실버만 표현하기에 너무 심심하므로 여린 스카이 블루 컬러를 눈두덩이 반쯤만 덧발라 실버 컬러와 자연스럽게 블렌딩한다. 언더라인은 화이트펜슬로 얇게 라인을 그어 포인트를 준다. **3.** 그레이 컬러의 워터프루프 아이펜슬로 아이라인을 그린다. 젤 타입의 아이라이너도 OK! 언더라인에는 메탈릭한 펄 라이너로 글리터리한 펄감을 더해주어 화려함을 부각시킨다. **4.** 속눈썹을 찝어준 뒤에 워터프루프 타입의 마스카라를 바른다.

완성된 아이 메이크업

실버에서 은은한 블루의 느낌으로 이어지고 언더라인의 글리터리한 라인은 설원 위에서 빛나기 충분하다. 스키복이 대부분 화려한 컬러와 패턴이 주를 이루기 때문에 메이크업까지 튀는 건 부담스러울 수도 있다. 색감은 강하지 않지만 반짝임이 좋아 눈과도 잘 어울릴 수 있다.

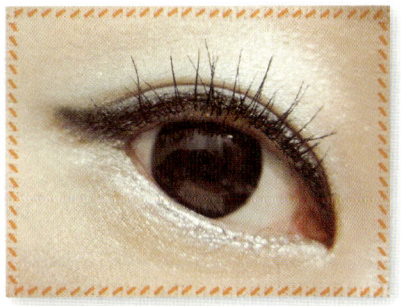

치크 메이크업

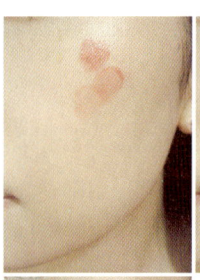 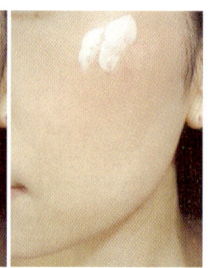

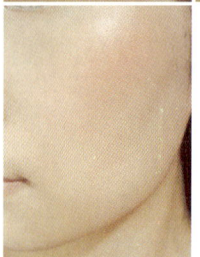 스키장에서 열심히 놀다 보면 추워서 얼굴이 창백해질 수 있으므로 볼과 입술은 아이 메이크업보다 더 혈색있게 표현하면 좋다. 또 볼이나 입술은 T존보다 빨리 건조해지기 때문에 촉촉한 타입의 제품을 사용해줘야 한다. 블러셔는 크림 타입을 사용하고 하이라이터 또한 리퀴드나 크림 타입을 사용한다. 하이라이터는 광대뼈뿐만 아니라 T존을 중심으로도 바른다.

립 메이크업

립 또한 보습과 워터프루프에 중점을 둔다. 자외선 차단기능이 있는 립밤을 먼저 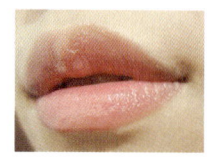 바른 후에 틴트를 발라준 다음 립글로스를 바른다. 촉촉한 틴트 타입이라면 립글로스는 생략해도 된다. 대개 촉촉하게 한다고 립글로스만 바르는 분들이 있는데 립글로스는 글로시하게 보일 뿐 보습제품이 아니므로 립밤은 꼭 챙겨 바르도록 한다. 색감은 치크와 더불어 혈색 있고 비비드하게 표현하는 것도 좋다. 고글을 쓰면 거의 입술밖에 보이지 않는다! 추워서 푸르딩딩해 보이는 것보다 혈색있는 것이 훨씬 더 쾌활하고 밝아 보일 수 있다.

완성 메이크업

눈매는 하얀 눈송이 같은 느낌으로 차가워 보이고 반짝임 덕분에 화려해 보인다. 치크와 립은 붉은기가 돌아 생기 있어 보이고 피부는 글로시하고 쉬머한 느낌으로 찬바람에도 끄떡없을 만큼 보습라인으로 철저하게 대비했다.

의상 착용 후 패딩점퍼와 퍼 목도리를 칭칭 감고 겨울 분위기를 한껏 내본다. 이 정도면 스키장에서도 눈보다 더 빛나 보일 수 있지 않을까 싶다. 핑크, 블루, 바이올렛, 화이트, 실버 계열의 스키복과 잘 어울릴 수 있다.

페이스 차트

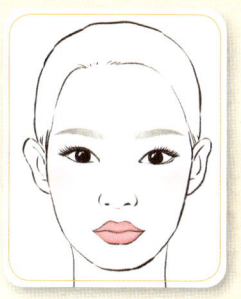

메이크업에 사용된 제품들

1. 파운데이션: 코겐도 아쿠아 파운데이션 **2.** 베이스: 이니스프리 매직 플로랄 쉬어 베이스 **3.** 아이베이스: 바비브라운 롱웨어 크림 섀도우 글래시어 **4.** 아이섀도우: 맥 피그먼트 실버 포그, 에어 드 블루 **5.** 아이라이너: 메이크업포에버 아쿠아 아이즈 21L, 디올 스타일 라이너, 토니모리 크리스탈 아이 데코레이션 **6.** 마스카라: 메이크업포에버 아쿠아 스모키 래쉬 **7.** 하이라이터: 겔랑 빠루르 펄리 화이트 스컬프팅 하이라이터 브러시 **8.** 블러셔: 바비브라운 팟루즈 파우더 핑크 **9.** 립: 에뛰드하우스 키스풀 틴트슈 4호 탠저린 슈

9. 내숭 100단, 솔로탈출 성공하는 **소개팅 메이크업**

대학생활에 활력소가 되는 건 바로 소개팅과 미팅! 학기가 새로 시작될 때마다 붐비는 소개팅과 미팅 건수들에 행복한 비명을 지르고 있지는 않은가? 또한 이번 기회에서 반드시 솔로탈출을 하리라 다짐하고 있지 않은가? 시린 옆구리를 달래줄 나의 반쪽을 이번 소개팅에서 꼭 찾겠다는 의지만으로는 소개팅 성공이 불가능하다. 취업 면접만큼이나 첫인상이 중요하므로 머리끝부터 발끝까지 이미지 메이킹을 잘 해야 한다. 또 상대에게 잘 보여야 하는 자리이므로 내가 좋아하는 메이크업보다는 대부분의 남자들이 선호하는 스타일을 초이스 하는 것이 좋다.

짙은 아이섀도우, 사납게 올라간 눈꼬리, 쥐 잡아먹은 듯한 입술 등 남자들이 질색할 만한 메이크업이나 남자들이 이해하지 못하는 헤어밴드나 액세서리 같은 포인트도 그날 만큼은 자제한다. 투명한 듯 여린 핑크빛 메이크업에 단정하고 여성스러운 원피스, 찰랑찰랑한 머릿결, 샴푸향 같이 친근하고 거부감 없는 향 이런 요소들이 합쳐지면 소개팅 성공률은 더 높아질 것이다.

간단한 소개팅 팁

1. 소개팅을 위해 구입해 놓은 옷이 있다면 미리 한두 번 정도는 입어보자. 새 옷을 입은 날에는 왠지 모르게 신경이 쓰이게 되고 어색할 수도 있다. 주워들은 바로는 화이트와 라임(연두색)을 매치해서 코디 해주면 호감도가 높아진다고 한다.

2. 액세서리는 자신의 개성에 맞게 시계나 반지, 목걸이 등으로 한곳에만 포인트를 주는 것이 좋다.

3. 대화를 시작할 때 상대와의 거리는 75cm가 가장 적당하다. 너무 멀리 떨어져 있으면 거리감을 느끼고 너무 가까이 있으면 부담스럽다고 한다.

4. 팔짱은 끼지 않는 것이 좋다. 경계하는 것처럼 보이고 성의 없어 보일 수 있다.

이쯤되면 소개팅에서 애프터 신청 받는 퀸카가 될 수 있지 않을까?

베이스 메이크업

가까이서 얼굴을 봐야 하므로 피부결점을 잘
커버하고 특히 두드러진 모공은 프라이머로
매끈하게 정리한다. 보송보송한 느낌으로 마
무리해서 유분이 빨리 올라와 개기름이 번쩍
번쩍한 느낌을 주지 않도록 한다. 수정 메이크
업을 하기에는 불편한 자리이니 수정메이크업
을 최대한 줄일 수 있도록 하자. 파운데이션은
얇게 펴 발라 두꺼운 느낌을 절대 주면 안되고
균일하고 화사한 피부톤으로 밝은 인상을 남
기도록 해야 한다.

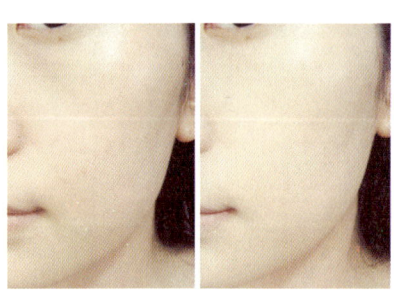

아이 메이크업

1. 피치핑크 컬러 아이섀도우를 눈두덩이에 펴 바른다.
2. 그 윗부분에 라이트 베이지 컬러 아이섀도우를 발라
앞서 바른 피치 핑크 컬러와 자연스럽게 그러데이션한
다. **3.** 언더라인에도 라이트 베이지 컬러 아이섀도우를
발라 눈매를 밝혀준다. **4.** 눈꼬리 끝부분에 밝은 브라운
컬러 섀도우를 발라 색감이 둥둥 뜨지 않게 눌러주고 그
윽한 음영을 준다. **5.** 윗라인은 브라운 컬러의 아이라인
을 그리고 언더라인은 인디핑크 컬러의 펄 펜슬로 점막
을 채운다. **6.** 속눈썹을 뷰러로 찝은 뒤에 위쪽에만 마스
카라를 바른다.

완성된 아이 메이크업

소개팅에서만큼은 스모키 메이크업은 접어두
자. 여자들은 스모키 메이크업에 흡족해 할지
모르나 남자들은 그런 메이크업에 대한 거부
감이 꽤 있는 듯 하다. 그러면서 스모키한 효
리나 담비는 좋아만 하더라. 내 남자가 된 이
후에는 스모키를 하든 갸루 메이크업을 하든
마음대로 메이크업 철학을 펼치면 되니 소개
팅 자리에서는 스모키 메이크업은 피하도록
한다. 언더라인을 깔끔하게 표현해서 청순하
고 많이 화장하지 않은 듯한
느낌을 주며 과한 펄이나 튀
는 색감은 피한다.

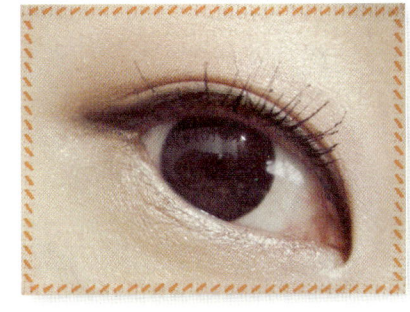

치크 메이크업

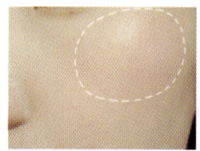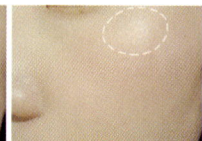

화사하고 생기있는 핑크색 크림 블러셔를 발라 자연스러운 홍조를 연출한다. 크림 타입의 블러셔가 자연스럽게 피부에 스며들어 화장한 티가 많이 드러나지 않으면서 피부에 물든 느낌이 들 수 있다. 그 위에 핑크빛의 하이라이터를 덧발라 은은한 윤기를 준다. 사이버인간처럼 과한 광택감은 절대 NoNo!

립 메이크업

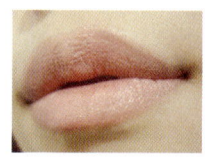

빨간 립스틱 등 아주 진한 립스틱이나 딸기우유빛의 고은애삘 나는 립스틱도 피한다. 상대방이 부담스러워 할 수도 있고 이런 진한 립스틱이 치아에 묻기라도 하는 날엔 망신당할 수 있다. 소개팅남이 맘에 안 든다면 효과적이겠지만. 그리고 청순해 보일거라면서 거의 티도 안 나게 화장하는 것도 화장 안 한 듯한 인상을 줘서 성의 없어 보일 수 있다. 어느 정도 화사한 색감을 넣어 인상이 환해 보이게 하는 것이 중요하다. 원래 입술색과 많이 동떨어지지 않는 내추럴한 핑크 컬러의 립스틱 또는 립글로스를 바른다. 아무것도 아닌 것 같아 보이겠지만 매트한 텍스처도 부담스러워 보일 수 있으니 무난하게 글로시한 느낌의 립스틱 또는 립글로스, 틴트를 바른다.

완성 메이크업

중요한 날 너무 치장하다 보면 오히려 화장이 더 어색해질 수 있으므로 욕심을 버리고 심플하고 쉽게 표현하자. 핑크 톤의 메이크업이 남자들에게 선호도가 높은 편이지만 얼굴 위에 딸기 우유빛 파스텔 핑크로 도배하는 것보다는 내숭스러운 핑크와 생기있는 코랄을 매치해 여성스러움을 부각시키는 것이 낫지 않을까 싶다. 어느 한 곳이 포인트가 되는 것이 아닌 아이, 치크, 립의 컬러 톤이 비슷한 느낌으로 연결되면서 얼굴 전체에 시선이 가도록 한다.

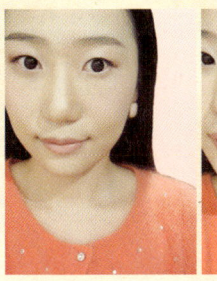

의상 착용 후 과도하게 당당해 보이는 파워 숄더 스타일의 옷, 한 사치할 것 같은 과하고 치렁치렁한 액세서리, 기가 세 보이는 검고 붉은 네일, 긴 손톱은 NG! 투명하거나 연한 핑크 컬러의 네일 컬러로 깔끔하고 온순한 손매를 자랑하도록 하자. 친절하고 호감가는 이미지를 연출하는 것이 소개팅 성공의 지름길임을 명심하자.

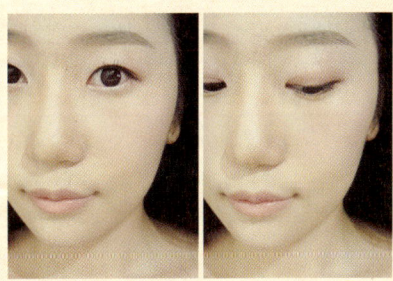

페이스 차트

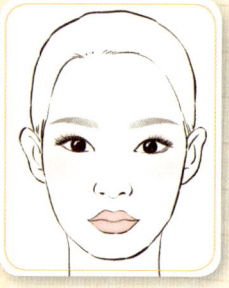

메이크업에 사용된 제품들

1. 파운데이션: 토니모리 미네랄 스킨핏 파운데이션
2. 프라이머: 안나수이 파운데이션 프라이머 **3.** 하이
라이터: 라끄베르 아이스 키스 멀티 쉬머 01호 저스
트 어 걸 **4.** 블러셔: 캐시캣 어메이징 크림 블러셔 01
호 핑크 **5.** 아이섀도우: 코스메데 코르테 메지데코 코
프레 섀도우 브릴리언스 CR **6.** 아이라이너: 미샤 듀
얼 아이 팁 CR01, 네이처 리퍼블릭 아이 디자이너 펜
슬 & 섀도우 핑크 **7.** 마스카라: 에뛰드 하우스 프루프
10 방수카라 청순 방수 **8.** 립: 토니모리 프레스티지
립스틱 글로시 02호 슈가피치

10. 보정 없이도 만족스러운
증명사진 메이크업

증명사진을 찍을 때면 왜 이리 긴장되고 떨리는지. 셀카처럼 내 자신의 모습을 바로 확인하면서 찍을 수도 없고 단 한 번의 셔터로 좌우되므로 단단히 마음 먹어야 한다. 스튜디오에 따라 조금씩 다르겠지만 사진 촬영비도 만만치 않기 때문에 한 번에 만족스러운 결과를 얻어내어야 한다. 나는 4~5년 전쯤 회사 점심시간 때 급하게 증명사진을 찍었었다. 준비가 되어 있지 않아서 얼굴은 완전 밀기루인형처럼 허옇게 니와시 밋밋해 보이고 완진 꿩인 사진이었다. 잘 나올 때까지 계속해서 찍으면 좋겠지만 그럴수 없으니. 증명사진은 나의 다양한 서류와 신분증에 들어가 나를 PR하는 사진이기에 숨기고 싶지 않을 정도로 촬영이 잘 되어야 나중에 후회가 없다. 반면에 보정을 너무 많이 해서 내 자신이 아닌 것 같이 나오는 것도 문제가 있다. 나의 장점이 부각되면서 내추럴한 느낌으로 원래 예뻤던 것처럼 결과물이 나오는 것이 좋다. 증명사진만 찍으면 얼굴이 이상하게 나온다느니 그 스튜디오는 사진을 못 찍는다느니 핑계만 늘어놓지 말고 보정 없이 메이크업만으로도 만족스러운 증명사진이 나올 수 있다는 걸 기억하자.

여권사진 찍는 방법은 좀 더 까다로우니 주의사항을 꼭 확인해야 여권 만들 때 불상사를 피할 수 있다. 아래 여권사진 재규정을 반드시 확인하자.

¤ 모자, 제복, 흰색 계통 의상을 착용해서는 안됩니다.
¤ 머리카락이 눈을 가려서는 안되며, 눈썹도 보여야 되며, 입은 자연스럽게 다문 상태여야 합니다.
¤ 색안경을 착용해서는 안 되며, 안경 렌즈에 조명이 반사되지 않고 눈동자가 선명하게 보여야 합니다.
¤ 초점이 명확하지 않거나 수정된 사진은 타인으로 오인될 우려가 있어서 안됩니다.

¤ 사진의 얼굴 및 바탕부분에 그림자가 없어야 합니다.
¤ 여권사진이 변질될 우려가 있는 즉석사진이나 질이 떨어지는 디지털 사진은 안됩니다.
¤ 일반 여권 발급 시 공적신분을 나타내는 제복을 착용해서는 안됩니다.
¤ 최근 6개월 이내 촬영한 천연색 정면사진으로 귀 부분이 보이게 하여 얼굴 양쪽 윤곽이 뚜렷해야 하며 어깨까지만 나와야 합니다.
¤ 사진바탕은 흰색, 옅은 하늘색, 옅은 베이지색 바탕의 무배경으로서 테두리가 없어야 하며 피부색은 자연스러워야 합니다.

베이스 메이크업

밝은 색의 컬러와 어두운 색의 컬러를 자연스럽게 그러데이션해서 셰이딩 효과를 준다. 파우더타입의 셰이딩 제품이 어려운 분들에게 좀 더 쉬운 팁이다. 또한 셰이딩 티가 덜 나서 내추럴한 느낌을 줄 수 있다. 밝은 컬러의 파운데이션을 얼굴 전체에 얇게 바른 뒤, 어두운 컬러의 파운데이션을 얼굴라인 가장자리, 코 옆 등에 발라준다. 그리고 혹시 자연스럽게 그러데이션이 안되었다면 밝은 컬러로 경계선에 발라 자연스럽게 블렌딩해준다. 무엇보다도 양 조절이 중요하다. 너무 문지르기보다는 두드리면서 그러데이션하고 흡수시키는 것이 좋다. 밝은 컬러의 파운데이션만 발랐을 때는 얼굴이 평면적이고 밋밋해 보였는데 어두운 컬러로 셰이딩 효과를 준 뒤에는 콧대도 더 살아 보이고 얼굴의 윤곽이 더 살아나는 것처럼 보인다. 또한 펄감이 두드러진 베이스는 모공을 부각시키기 때문에 펄감은 자제한다.

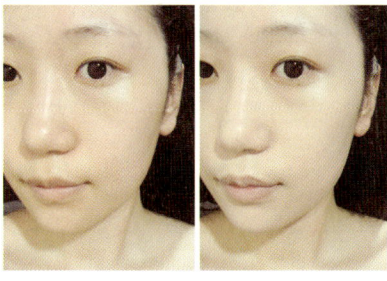

기초 완료 ➡ 파운데이션 ➡ 셰이딩

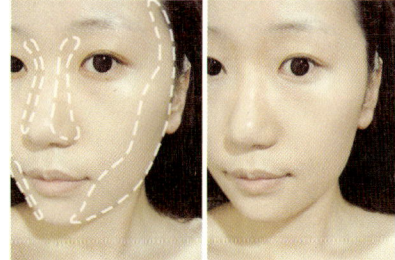

아이 메이크업

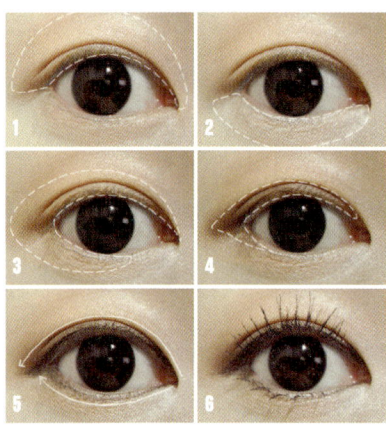

완성된 아이 메이크업

사진 찍을 때 아이 메이크업은 크고 또렷하게 표현하는 것이 궁극적인 목표다. 휘황찬란한 테크닉은 필요 없다. 눈매의 음영을 살려 깔끔하면서도 입체적인 느낌을 살려주는 것이 좋다. 베이지나 골드, 브라운 컬러를 사용하여 피부톤과 자연스럽게 연결된 듯한 느낌을 주면 유난스럽게 화장한 것 같지 않고 내추럴한 사진을 찍을 수 있다.

1. 피치 핑크 컬러의 아이섀도우를 눈두덩이에 바른다. **2.** 아이보리 컬러의 아이섀도우를 언더라인에 발라 눈가를 보정한다. **3.** 골드 베이지 컬러의 아이섀도우를 눈두덩이 면적의 반틈과 언더라인이 이어지는 라인까지 발라 이전에 바른 컬러들과 블렌딩해준다. **4.** 브라운 컬러의 아이섀도우를 라인처럼 얇게 발라 블렌딩해주어 눈매에 음영을 준다. **5.** 브라운 젤 라이너로 라인을 또렷하게 그린다. **6.** 속눈썹을 뷰러로 찝은 뒤에 마스카라를 바른다.

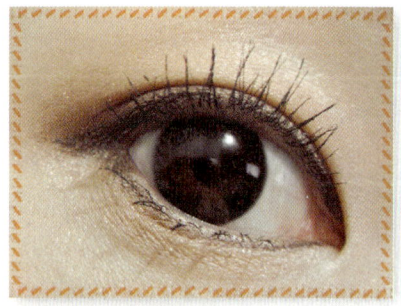

립 & 치크 메이크업

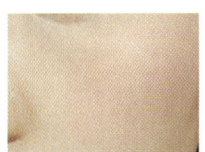

아이섀도우 컬러와 맞춰 코랄 컬러의 블러셔를 발라 적당한 홍조를 주어 화사한 느낌으로 연출한다. 너무 붉은기가 돌거나 펄 감이 강한 제품을 사용하지 말고 피부 본연의 질감을 살리면서 발라주는 것이 좋다.

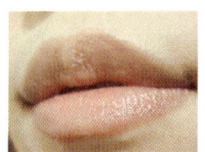

유행에 민감한 컬러 보다는 무난한 컬러 를 바르도록 한다. 베 이지나 코랄 정도의 컬러로 섀도우, 블러셔 색감과 자연스럽게 이 어지도록 한다. 이 3박자가 맞춰지면 조화로운 얼굴 톤을 만들 수 있다.

완성 메이크업

이목구비를 잘 살리지 못하면 뭔가 밋 밋하고 허전해 보인다. 이목구비의 윤 곽을 뚜렷이 하고 피부 표현에 중점을 두어야 한다. 아주 무거워 보이지 않으 면서 플래쉬에 색감이 날아가지 않을 정도로 화사한 핑크기가 가미되어 있

다. 인위적이 지 않고 내추 럴한 조화가 돋보이는 메 이크업이다.

의상 착용 후 배경이 밝은 색에서 찍 어야 해서 어떤 옷을 입을까 고민하다

가 무난하게 블랙 원피스 를 골랐다. 네크라인도 적당히 파인 둥근라인으 로 너무 답답

하지 않은 걸로 골랐다. 목이 긴편이라면 모를
까 짧다면 차이나넥이나 목폴라는 사진을 찍
었을 때 답답해 보이므로 피한다. 액세서리도
튀지 않고 작은 사이즈를 착용하거나 아예 생
략하는 것도 좋다.

여권을 갱신해야 되서 새
로 찍은 증명사진! 어떻게
나올지 궁금했는데 생각
보다 잘 나왔다. 사실 사
진 찍으러 갔을 때 앞머
리를 내리고 갔는데 귀
도 보이고 눈썹도 보여야 하고 지금 스타일로 여권사진
찍으면 퇴짜 당한다고 했다. 그래서 스튜디오에 마련된
스프레이로 급하게 머리를 고정시키고 비상으로 마련해
둔 고무줄로 머리를 질끈 묶고 사진을 찍을 수밖에 없었
다. 공을 들여 한 메이크업이라 꼭 찍고 싶었다. 이마
를 드러내고 머리도 묶어 평소 내 스타일이 아니라 어색
했지만 그래도 얼굴이 화사하게 잘 나와서 기분이 좋았
다. 이렇게 만족스럽게 사진 찍은 적도 처음인 것 같다.
눈썹은 꼭 보여야 한다니 아이브로우도 꼭 신경 써야 할
것 같다.

페이스 차트

메이크업에 사용된 제품들

1. 비비크림: 에뛰드하우스 진주알 맑은 비비 2. 파운
데이션: 겔랑 빠뤼르 익스트림 파운데이션 02호 3.
컨실러: 리퍼블릭 에이지슬릭 뉴트리피토 컨실러 &
아이브라이트너 4. 파우더: 디올 스킨 익스트림 피트
수퍼 모이스트 팩트 5. 아이섀도우: 샤넬 꺄트르 옹브
르79호 스파이스 6. 아이라이너: 토니모리 파티러버
젤 아이라이너 펄 브라운 7. 마스카라: 시셀 스윙 컬
마스카라 8. 블러셔: 베네피트 박스 오 파우더 쓰롭
9. 립: 샤넬 루즈 알뤼르 42호

11. 오싹오싹
할로윈데이 메이크업

파티문화가 점점 확산되면서 우리나라도 예전에 비해 할로윈 파티를 즐기는 분들이 많아졌다. 특히 할로윈데이에는 코스튬을 방불케 하는 의상과 메이크업들을 구경하는 재미가 쏠쏠하다. 할로윈 파티가 처음이라면 너무 과한 느낌부터 시작하지 말고 가볍게 할로윈 느낌을 줄 수 있게 이미지메이킹 하는 것부터 시작해보자. 두 가지 스타일의 할로윈 파티 메이크업을 도전할 텐데 극과 극의 느낌으로 언출할 것이다. 컬러풀하고 화사한 메이크업과 페일하고 으스스한 분위기의 두 가지 메이크업에 도전!

첫번째 메이크업은 호박과 할로윈 마녀에게서 영감을 얻었다. 호박의 오렌지 컬러와 마녀 고깔모자나 의상의 바이올렛 컬러를 같이 매치한 키치 메이크업이다.

베이스 메이크업

우선 피부표현은 최대한 깔끔하고 하얗게 표현해야 해서 눈가 근처에 코렉터를 꼼꼼히 발라 그늘진 부분을 최대한 줄인다. 하얗고 투명한 느낌의 피부표현이 기본이다. 파운데이션은 노란기가 있는 제품보다는 핑크기가 있는 페일한 제품을 발라준다.

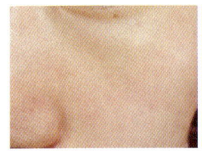 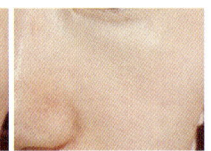

아이브로우

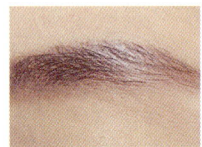

눈썹은 짙은 보라색 아이섀도우를 이용하여 채워 넣어주었다. 블랙이나 퍼플기가 도는 가발을 착용한다면 더더욱 잘 어울릴 듯. 보라기가 도는 눈썹을 연출함으로써 신비롭고 현실과 동떨어진 느낌의 이미지를 연출할 수 있다.

립 메이크업

립은 자주빛이 도는 핫핑크 컬러를 골라 컬러풀함을 더 강조한다. 오렌지, 바이올렛과도 잘 매치가 되어 그다지 거부감 없이 매치할 수 있다.

아이 메이크업

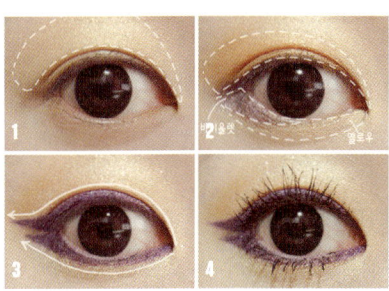

1. 눈두덩이 윗부분에 옐로우 컬러의 아이섀도우를 발라준다. **2.** 눈두덩이 부위의 절반 정도 오렌지 컬러의 아이섀도우를 발라 처음 바른 아이섀도우와 블렌딩해준다. 언더라인 앞쪽에는 옐로우 컬러를 뒤쪽에는 바이올렛 컬러를 발라준다. **3.** 바이올렛 컬러의 아이라이너를 위, 아래라인에 그려주는데 꼬리 부분은 두 갈래로 나눠 평소와는 다른 느낌으로 표현해준다 **4.** 마스카라를 위, 아래로 꼼꼼히 바른다.

완성된 아이 메이크업

오렌지와 바이올렛의 느낌이 잘 어우러져 보색 분위기도 나고 통통 튀며 주목도가 높다. 할로윈데이 느낌을 줄 수 있고 파티를 즐기기에 부족함이 없을 것 같다. 발랄한 마녀로 변장하면 딱!

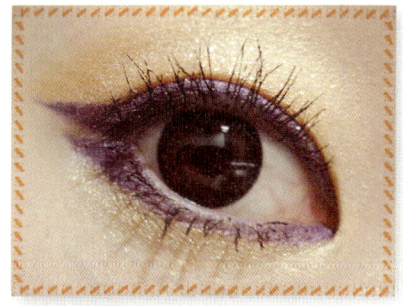

완성 메이크업

컬러가 비비드하고 화사하면서도 너무 촌스럽게 컬러들이 충돌되지 않아서 부담이 덜 된다. 평소에 하기에는 색이 너무 강할 수도 있지만 색을 줄이고 채도를 더 낮춰준다면 평소에도 할 수 있을 정도로 응용이 가능하다.

의상 착용 후 가발이나 마녀 고깔과 망또, 빗자루만 있으면 할로윈 마녀로 100% 변신! 재미있고 발랄하며 컬러풀한 느낌으로 파티장 안에서 화사하게 돋보일 수 있다.

페이스 차트

메이크업에 사용된 제품들

1. 컨실러: 아멜리 퍼펙트 커버 컨실러 **2.** 파운데이션: 디올 스킨 누드 플루이드 파운데이션 **3.** 아이섀도우: 에끄르 아티스트 아이섀도우 2호, 디올 5꿀뢰르 이리디스튼 아이섀도우 809호, 메이크업포에버 다이아몬드 파우더 1호 **4.** 아이라이너: 네이처 리퍼블릭 메이크 미 페인팅 젤 아이라이너 3호 펄 바이올렛 **5.** 마스카라: 키스미 히로인 롱 앤 컬 마스카라, 랑콤 버튜어스 골드캐럿 마스카라 **6.** 립: 네이처리퍼블릭 루시드 스타 모이스춰 립스틱 PK117, 라바 립스틱

두번째 메이크업은 아담스 패밀리 마마님 모티시아에게서 영감을 얻었다. 이런 고스 메이크업은 할로윈데이 파티에서 많이 볼 수 있고 기본적인 블랙 드레스 코드에 잘 맞기 때문에 가장 실패율이 적다는 장점이 있다.

.

아이 메이크업

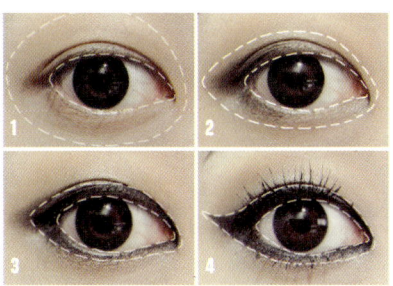

1. 눈두덩이와 언더라인에 페일하고 뉴트럴한 컬러를 발라 눈가가 퀭하게 만든다. **2.** 눈두덩이와 언더라인에 메인 컬러가 될 뉴트럴한 컬러를 발라주고 짙은 브라운 컬러로 눈꼬리에 음영을 준다. **3.** 블랙 펜슬 아이라이너를 점막근처까지 꼼꼼하게 발라준다. 블랙 라인을 사용할 때 점막이 보이면 어색해 보이므로 펜슬 라이너로 잘 채워주는 것이 관건! 깔끔하게 그릴 필요 없고 스틱 섀도우처럼 블렌딩하여 그려줘도 된다. **4.** 블랙 젤 아이라이너로 언더라인과 윗라인을 꼼꼼히 잘 메워주고 눈꼬리를 올려주며 마스카라를 꼼꼼히 바른다

립 메이크업

완성된 아이 메이크업

눈만 따로 봤을 때는 퀭한지는 잘 모르겠지만 눈매가 확실히 날카롭고 도드라진다. 모노톤으로 선이 돋보이는 아이 메이크업이 되었다. 좀 더 강하게 하고 싶을 때는 아이라인을 더 두껍게 그리는 것도 좋다.

할로윈데이 파티에서 영원히 빠지지 않을 레드 립! 장미빛보다 좀 더 짙은 느낌으로 딥하게 표현하도록 한다. 버건디나 블랙로즈 컬러로 진한 핏빛의 레드를 고른다면 더 강해 보일 수 있다.

완성 메이크업

음산한 컨셉인데, 인상이 무서워 보인다면 성공. 퀭해 보이는 눈과 날카로운 눈매와 핏빛 빨간 립이 할로윈데이 전형적인 컨셉을 표현해준다.

의상 착용 후 긴 머리의 가발과 블랙 드레스를 입어주면 분위기 제대로 내줄 수 있다. 아담스 패밀리 모티시아 또는 프란체스카 분위기로 강하고 임팩트 있는 할로윈 퀸이 될 수 있을 것이다.

페이스 차트

메이크업에 사용된 제품들

1. 파운데이션: 디올 스킨 누드 플루이드 파운데이션 012호 **2.** 컨실러: 아멜리 퍼펙트 커버 컨실러 **3.** 아이섀도우: 바비브라운 모브 페이스 팔레트 , 베네피트 스모키 아이즈 **4.** 아이라이너: 네이처리퍼블릭 맥시 파워 웰루킹 젤 아이라이너 3호 펄 블랙, 베네피트 스모키 아이즈 내장 펜슬 **5.** 마스카라: 메이크업포에버 아쿠아 스모키 래쉬 마스카라 **6.** 립: 부르조아 쏘 델리케이트 54호 루즈 블러쉬 , 라바 립스틱 적보라

12. 마법에 걸린 그 날을 위한 커버 메이크업

여자들은 한 달에 한 번, 신경이 날카로워진다. 바로 생리통. 난 이때쯤 되면 유독 얼굴이 칙칙해진다. 생리시작하기 일주일 전쯤부터 점점 피부가 거칠어지고 머리카락도 푸석푸석하고 뾰루지가 올라오기 시작하고 생리할 때쯤 다 가라앉긴 하지만 트러블 흔적들이 군데군데 남아 피부 컨디션이 좋지 않다. 이때 올라온 트러블들은 일부러 짜지 말고 그대로 내버려 두고 생리 중에는 피부가 민감할 때이므로 화장품을 새로 바꾸는 것도 좋지 않다.

생리 중에는 혈색이 창백하고 얼굴이 잘 붓고 눈가가 그늘져 하루 사이 더 늙어 보이는 인상을 줄 수 있다. 칙칙한 인상은 핑크나 라일락톤 컬러의 화사함으로 커버가 되므로 그런 류의 컬러들을 메이크업 할 때 활용하면 효과가 좋을 것이다. 마법에 걸리지 않은 것처럼 평소보다 더 화사하게 메이크업 해보자.

베이스 메이크업

마법에 걸린 날 가장 두드러지는 것은 바로 다크 서클. 평소보다 칙칙해진 눈가는 남들이 눈치챌 정도이므로 아이 브라이트너를 발라 눈가주위를 밝혀준다. 창백한 피부톤은 옐로우 베이스의 파운데이션으로 보정한다. 트러블 흔적들은 컨실러로 가볍게 가려 전체적인 피부표현이 두꺼워 보이지 않게 한다. 마무리로 펄이 미세하게 포함된 파우더를 브러시로 발라 은은한 윤기를 준다.

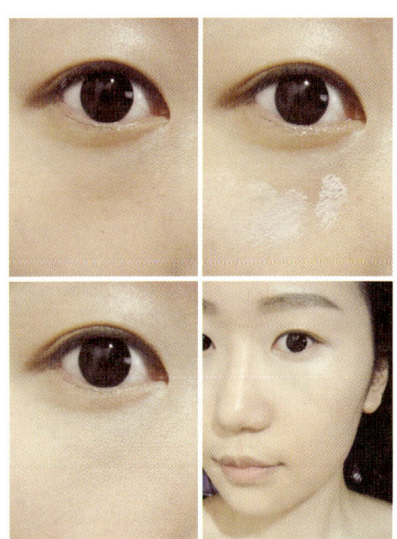

아이 메이크업

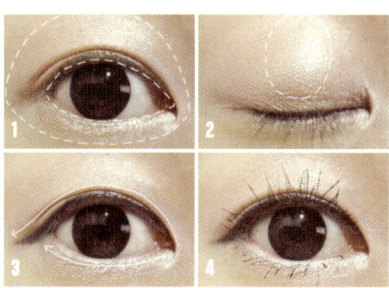

1. 핑크색 아이섀도우를 눈두덩이와 언더라인에 베이스로 바른다. **2.** 눈두덩이 중앙에 펄감을 얹어 매끄러운 볼륨감을 살린다. **3.** 윗라인에는 퍼플 컬러의 라인을 그리고 언더라인은 화이트 펜슬로 그려 전체적인 눈매를 화사하게 만든다. **4.** 속눈썹을 뷰러로 찝은 뒤에 마스카라를 가볍게 바른다.

립 & 치크 메이크업

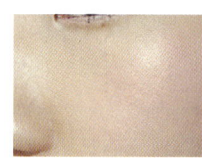

칙칙한 얼굴에 생기를 불어넣는 효자 아이템, 블러셔. 혈색 없는 피부에 홍조를 가득 머금을 수 있는 핑크빛 블러셔를 발라 아무일 없다는 듯 혈색을 준다. 너무 과하면 술취해 보일 수 있으니 텁텁한 텍스처가 아닌 쉬머한 텍스처의 블러셔를 사용해서 건강한 윤기를 부여한다.

완성된 아이 메이크업

너무 과한 컬러는 안 그래도 칙칙한 피부를 더 도드라지게 만들 수 있지만 은은한 핑크톤은 절대 부어 보이지 않고 글로시한 펄감이 가미되어 눈매가 밝아 보여 칙칙함을 커버할 수 있다. 라이너가 번지면 눈가가 지저분해져 다크서클로 오해받을 수 있으니 번지지 않게 각별히 주의해야 한다.

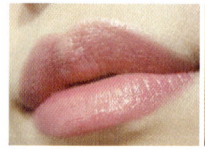 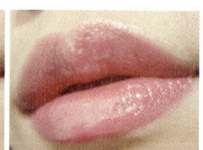

평소보다 더 화사한 진달래 빛 핑크컬러를 선택한다. 볼과 입술에 혈색이 완연할 때 얼굴전체가 화사해 보인다는 것을 잊지 말자. 매트한 텍스처는 건강해 보이지 못하니 립스틱을 바른 후 입술 중앙에 립글로스를 덧발라 촉촉하고 볼륨감 있게 만든다.

완성 메이크업

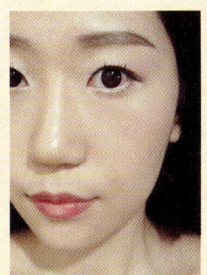

입술이 가장 포인트가 되는 메이크업이 되었다. 강렬한 컬러를 사용해도 소화되는 부분이 입술 아니던가? 간단하고 확실하게 피부톤을 업시켜주면서 아이 메이크업과 치크 메이크업이 보조 역할을 잘 해준다. 전체적으로 핑크톤이 잘 느껴져 혈색있고 화사하게 커버가 된다.

의상 착용 후 마법에 걸렸다고 너무 짜증만 내고 신경 곤두세우지 말고 마법에 걸린 일주일간 화사한 메이크업으로 기분전환도 하고 얼굴의 칙칙함도 커버하자.

페이스 차트

메이크업에 사용된 제품들

1. 파운데이션: 이니스프리 매직 플로랄 파운데이션 **2.** 파우더: 로트리 미네랄 스킨 쉬머 파우더 **3.** 블러셔: 맥 미네랄라이즈 블러쉬 플레젠틀리 **4.** 아이섀도우: 네이처 리퍼블릭 아이 디자이너 펜슬 & 섀도우 핑크, 라네즈 오나먼트 듀얼 탑코트 큐빅 화이트 **5.** 아이라이너: 토니모리 파티러버 젤 아이라이너 펄 바이올렛 **6.** 마스카라: 리트모 롱 앤 컬 마스카라 **7.** 립: 조르지오 아르마니 루즈 아르마니 503호, 라네즈 오나먼트 듀얼 탑코트 큐빅 핑크

13. 태양을 피하는 방법!
선글라스 메이크업

여름 필수 패션 아이템인 선글라스는 눈부신 태양으로부터 눈을 보호해주기도 하지만 멋내기용으로도 아주 좋다. 선글라스를 착용하면 왠지 카리스마 있어 보이고 세련되고 스타일리쉬해 보이는 느낌이 든다. 이런 멋스러운 선글라스에 어울리는 메이크업을 매치해준다면 더 센스 있어 보일 것이다. 여름에 주로 착용하는 패션소품이기 때문에 날씨의 특성을 고려해야 하고 다양한 선글라스의 모양과 컬러에 따라서도 변화가 있어야 한다. 특히 눈과 볼이 많이 가려져 입술컬러에 시선이 쏠리기 때문에 선글라스와 립 컬러의 매치가 조화로워야 한다. 선글라스 스타일에 따른 메이크업에 대해서 알아본 뒤 선글라스 룩을 연출해보자.

{ **블랙 프레임 선글라스** } 가장 기본적인 블랙 프레임의 블랙 렌즈 선글라스는 클래식하고 세련된 느낌이며 어느 옷에나 다 잘 어울리는 편이다. 이런 선글라스는 핑크컬러나 레드컬러 립과 매치해주고 아이섀도우는 그레이나 바이올렛 컬러를 바른다.

{ **브라운 프레임 선글라스** } 브라운 톤에 맞춰 웜한 컬러를 매치한다. 립은 오렌지나 피치 톤으로 맞추고 아이는 베이지, 골드, 브라운, 브론즈 톤을 선택한다.

{ **비비드 컬러 프레임 선글라스** } 프레임 컬러가 비비드하다면 입술컬러까지 포인트를 줄 필요는 없다. 대신 아이섀도우나 아이라이너 컬러를 프레임 컬러와 같게 매치해주면 더 세련되어 보일 것이다. 눈에 포인트를 주었다면 립과 치크는 누디하면서 자연스러운 혈색을 주는 정도의 컬러를 선택한다.

{ **메탈릭 프레임 선글라스** } 실버질감의 메탈릭 프레임의 선글라스는 시원하고 차가워 보이는 느낌을 주기 때문에 그에 어울리는 화이트, 블루, 네이비 컬러를 아이 포인트를 주는 것이 좋다. 립은 보라기가 도는 핑크계열의 립 제품을 바른다.

{ **그러데이션 렌즈 선글라스** } 그러데이션 된 렌즈는 단색으로 된 렌즈에 비해 눈이 더 잘 보이기 때문에 다른 선글라스에 비해 눈화장에 더 신경 써야 한다. 아이 메이크업을 그러데이션해서 그윽하게 표현하면 렌즈가 겹쳐지면 더 깊이감 있어 보일 수 있다. 블러셔도 더 강조해서 생기 있는 홍조를 연출한다.

베이스 메이크업

여름이라는 점을 감안할 때 너무 무겁고 답답한 느낌의 베이스는 생략한다. 최대한 얇고 가볍게 바르고 파우더로 마무리해서 끈적이는 피부가 아닌 세미매트한 느낌이 들도록 한다. 선글라스를 끼면 코에 안경자국이 남기 때문에 베이스 메이크업이 두꺼우면 두꺼울수록 그 부분이 뭉치고 자국이 도드라진다. 가볍고 매트한 느낌이면 OK! 브라운 컬러의 선글라스에 어울리는 웜톤의 색조 메이크업이 얹어질 것이기 때문에 피부톤은 옐로우 톤으로 맞춘다.

아이 메이크업

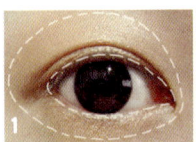
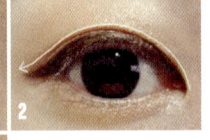
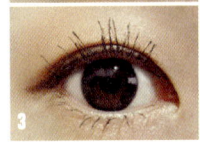

1. 브론즈 컬러 크림 섀도우를 눈두덩이와 언더라인에 바른다. **2.** 브라운 컬러 젤 아이라이너를 윗라인에만 그린다. **3.** 속눈썹을 뷰러로 찝은 뒤에 워터프루프 마스카라를 위, 아래로 발라준다.

완성된 아이 메이크업

지속력이 오래가고 번짐이 적은 제품을 사용하고 스모키 메이크업처럼 너무 무겁게 표현하지 않고 심플하게 브론즈 단색으로 쉬머한 텍스처만 느끼게 해준다. 브론즈 컬러 섀도우는 브라운 톤의 선글라스와 잘 매치되어 여름 시즌 건강한 이미지를 연출하기에 좋다.

립 & 치크 메이크업

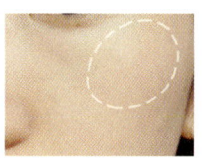

브론즈 컬러 아이섀도우에 어울리는 살구빛 컬러의 블러셔를 사용해서 자연스러운 윤기와 혈색을 동시에 준다. 볼터치가 너무 과해지면 부담스러워지므로 조절을 잘 해야 한다. 선글라스를 착용하면 볼 부분도 많이 가려지므로 오버사이즈일 경우는 생략해도 좋다.

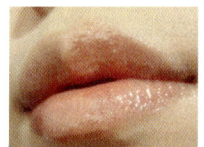

생기있어 보이는 오렌지 또는 코랄 컬러의 립글로스를 발라 생기발랄한 느낌을 더해준다. 선글라스 착용시 두드러지게 보이는 곳은 입술이므로 립 컬러 선택이 중요하다. 선글라스 컬러에 어울리면서 가려진 아이와 치크 메이크업과도 잘 어우러질 수 있어야 한다. 너무 매트한 텍스처보다는 글로시하고 촉촉한 텍스처가 좋다.

코에 선글라스 자국 없애기

실내에서까지 착용하기에는 부담스러운 선글라스. 착용할 때는 좋았는데 막상 내려 놓으면 코에 자국이 선명하게 나 있어서 좀 창피하기도 하다. 시간이 약이라서 점점 자국이 옅어지겠지만 밀려난 메이크업 자국까지는 어쩌지 못한다. 대개 이럴 때 파우더를 덧발라 수정하는데 오히려 더 뭉쳐 안 하니만 못하다. 파우더보다는 스틱형의 컨실러나 크림 컨실러로 그 부위를 부분적으로 커버해 주는 것이 가장 확실한 방법이다. 메이크업도 뭉치지 않고 눌린 자국도 어느 정도 감춰준다.

완성 메이크업

브라운 선글라스에 어울리는 웜한 느낌의 브론즈 메이크업이라서 선글라스를 착용할 때나 안 할 때나 메이크업이 조화롭다. 또 여름의 습한 날씨를 견딜 수 있게 지속력이 좋은 제품들을 사용하여 선글라스 때문에 메이크업이 망쳐질 염려는 없다.

의상 착용 후 선글라스가 메이크업의 일부인 것처럼 자연스러워 보인다. 특히 입술컬러의 변화에 따라서 전체적인 분위기가 사뭇 달라질 것이다. 좀 더 강한 인상을 풍기고 싶다면 비비드한 오렌지 컬러의 립컬러를 선택해도 좋다.

페이스 차트

메이크업에 사용된 제품들

1. 파운데이션: 오뮤 트리플 매직 파운데이션 **2.** 컨실러: 네이처 리퍼블릭 에이지슬릭 뉴트리피토 컨실러 & 아이브라이트너 **3.** 파우더: 제니스웰 코스푸딕 24H 스킨케어 파우더 **4.** 블러셔 & 하이라이터: 바비 브라운 쉬머브릭 애프리콧 **5.** 아이섀도우: 걸액틱 아이 글래이즈 샤인 **6.** 아이라이너: 라네즈 디자이닝 아이즈 아이라이너 **7.** 립: 바닐라코 키스 스캔들리스트 립글로스 12호

14. 처음 화장 그대로,
수정 메이크업

그 어떤 완벽한 메이크업도 시간 앞에 서는 장사 없다. 시간이 지남에 따라, 선녀도 아니고 훨훨 날아가버리는 메이크업 때문에 수정화장을 밥 먹듯이 하는 분들이 많다. 아침에 꼼꼼히 화장을 했는데 밖에만 나오면 화장이 없어져버린다고 자주 하소연을 하신다. 게다가 수정화장만 하면 오히려 들떠서 못해먹겠다고 울먹이는 분들도 있다. 나도 시성피부라서 수성화장이 꼭 필요한데 정말 맨 얼굴에 화장하는 것 못지 않게 수정화장도 디테일하게 신경 쓸 부분이 많다. 하지만 수정 화장에 필요한 아이템을 잘 챙겨놓으면 그리 어렵지 않으니 벌써부터 겁먹고 포기하지 않기를. 먼저 수정 메이크업에 필요한 아이템들을 체크해보자.

수정 메이크업 아이템

오일페이퍼 수정메이크업에 있어서 가장 기본적인 아이템이다. 먼저 피부 위에 번진 유분들을 정리할 수 있는 제품. 휴대하지 못했을 시에는 임시방편으로 티슈로 대체해도 좋다.

파우더 유분 제거 후에 가장 많이 사용하는 아이템. 대부분의 여자분들이 파우더를

꺼내 수정화장을 한다. 이 때 퍼프에 파우더를 잔뜩 묻혀 덧바르면 건조하고 각질이 부각 될 수 있기 때문에 브러시가 내장된 파우더를 휴대하여 브러시로 가볍게 쓸어 덧발라주는 것이 좋다. 브러시가 없을 때에는 퍼프에 파우더를 소량 묻히거나 아무것도 묻히지 않은 빈 퍼프로 얼굴을 두드려 준다.

샘플 파운데이션 파우더로 수정화장을 하면 보송보송하고 좀 더 간편하게 수정이 가능하지만 건성피부일 경우에는 파우더로 수정 화장하는 것이 더 독이 될 수 있다. 그럴때는 휴대하기 간편한 미니사이즈의 파운데이션 샘플로 지워진 베이스 메이크업상태에서 덧발라주는 것이 깔끔해 보인다.

스틱 컨실러 스틱형의 컨실러는 국소적인 부분을 커버하기 좋고 휴대성이 좋아

서 수정화장 할 때 요긴하다. 파운데이션만으로 커버되지 않는 부분을 쉽고 간편하게 커버할 수 있다.

베이스 메이크업 수정

오일 페이퍼를 얼굴에 꾹꾹 눌러 유분을 제거해준다. 유분제거를 하지 않고 베이스 메이크업을 수정 할 경우 뭉치고 고르게 피부표현이 안되므로 중요하다. 이후에 파우더나 파운데이션을 발라 얼룩덜룩한 피부를 균일하게 표현한다.

수정 면봉 & 수정펜

수정 화장할 때 제일 번거로운 것은 바로 아이 메이크업수정이다. 특히 번졌을 경우 어디서부터 어떻게 손대야 할지 막막하다. 이럴 때 수정 면봉이나 수정펜을 사용하여 눈 화장이 번진 부위를 부분적으로 지워주고 아이섀도우로 덧바르면 감쪽같이 수정이 된다. 휴대가 간편하고 자극이 없고 눈 또는 입술 화장 수정을 보다 쉽게 할 수 있다.

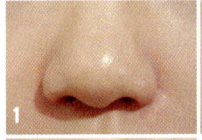
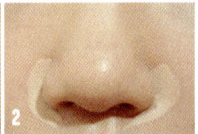
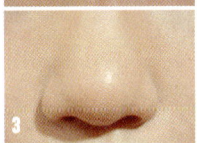

특히 콧망울 옆부분은 유분이 많아 화장이 쉽게 지워져 붉은기가 돌기 때문에 스틱 컨실러를 발라 다른 피부톤과 균일하게 보이도록 한다. 그냥 파우더로만 덧바르시는 분들이 있는데 그럴 경우 금방 또 지워지기 때문에 컨실러로 커버해주는 것이 가장 오래간다.

미스트 (메이크업 픽서) 베이스, 색조 메이크업 수정이 완료가 되었다면 마지막으로 미스트를 분사해 고정을 시켜준다. 메이크업 고정뿐만 아니라 보습효과도 주기 때문에 들뜨는 메이크업을 차분하게 가라앉힐 수 있다.

아이 메이크업 수정 (언더라인)

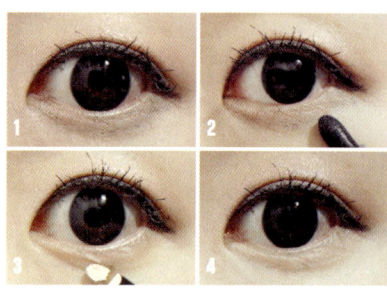

언더라인 번지는 것은 다반사. 속눈썹 컬링도 떨어지고 여간 지저분한 것이 아니다. 수정펜이나 수정면봉으로 번진 부분은 부분적으로 지우고 파운데이션이나 컨실러로 지워진 부분을 커버하거나 파우더로 가볍게 덧발라주면 언더라인은 가볍게 수정이 된다.

아이 메이크업 수정 (눈두덩이)

눈두덩이는 크리즈가 문제! 속쌍꺼풀일 경우 아이라이너가 눈두덩이에 묻어 지저분해지고 눈에 유분이 많을 경우 크리즈가 생겨 아이섀도우가 지저분해질 수 있다. 역시 수정펜이나 수정면봉을 사용하여 부분적으로 지워내고 그 위에 아이섀도우를 덧바르고 아이라이너도 덧그리면 빠르게 수정이 가능하다.

아이 메이크업 수정(마스카라)

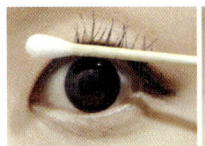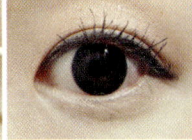

마스카라가 쳐진 상태에서 마스카라를 덧바르면 오히려 뭉쳐 더 지저분해 보일 수 있으니 면봉으로 치켜 올려주거나 그래도 올려지지 않으면 면봉의 나무 부분을 라이터로 열을 가해 고데기 역할을 해 컬링을 시켜주는 것도 좋다.

립 메이크업 수정

입술은 립스틱이나 립글로스 잔여물을 말끔히 다 제거한 후에 새로 바르도록 한다. 립스틱을 바르는 동안 건조해진 입술 위에는 그대로 립스틱을 바르는 것보다 틴트나 립글로스, 립밤을 발라 건조함을 해소시키면서 자연스러운 혈색을 주는 것이 좋다.

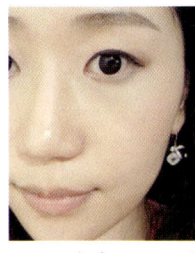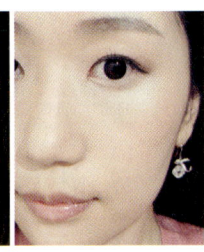

before ➡ after

수정메이크업 전후를 살펴보자. 그늘지고 칙칙했던 피부를 다시 환하게 보정하고 번진 눈화장을 바로 잡고 입술도 깔끔하게 마무리하니 처음 한 화장 그대로 원상복귀 되었다. 번거로울 수 있겠지만 손에 익으면 5분 만에 이 모든 수정화장을 다 마스터할 수 있을 것이다. 방심하지 말고 틈틈이 메이크업을 체크해서 칠칠치 못한 이미지를 남기지 않도록 한다.

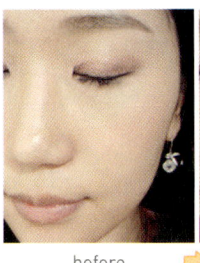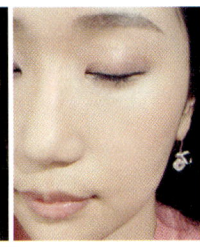

before ➡ after

15. 나 혼자 주목 받는 파티 메이크업

　　가을, 겨울 시즌에 유독 더 많이 사랑받는 컬러 중 하나는 골드이다. 액세서리도 골드 도금을 더 많이 매치하게 된다. 여름엔 실버, 겨울엔 골드! 아마도 실버보다는 더 따뜻하고 화려해서 가을과 겨울 연말 시즌에 더 많이 찾는 것 같다. 그리고 왠지 돈을 불러들일 것 같은 훈훈한 기운이 도는 컬러라고나 할까? 골드 컬러는 화려하기도 하고 한국 여성들의 피부톤과 잘 어우러질 수 있기 때문에 특별한 날에 부담없이 하기에 좋다. 골드 컬러는 브라운, 브론즈 컬러와 매치하기도 쉬워서 데일리 메이크업으로 연출하기에 좋다. 만만하면서도 특별하게 표현할 수 있는 골드 컬러로 럭셔리하고 고져스하게 모임에서 돋보여보자.

아이 메이크업

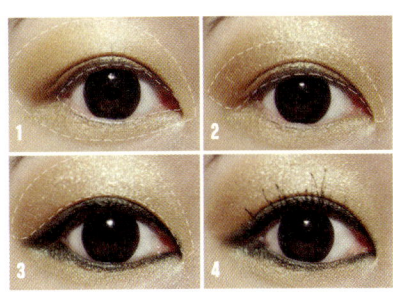

1. 쉬머한 텍스처의 골드 아이섀도우를 눈두덩이에 넓게, 언더에는 얇게 바른다. **2.** 골드 카키컬러 섀도우로 눈두덩이 반의 면적으로 그러데이션해서 음영을 준다. **3.** 펄감이 있는 블랙카키 아이라이너로 아이라인을 그려준 다음 눈두덩이에 글리터리한 펄감이 있는 골드 아이섀도우를 살포시 얹듯이 바른다. **4.** 마스카라를 바른다.

립 & 치크 메이크업

치크는 골드톤의 하이라이터를 발라 아이섀도우 색감과 자연스럽게 연결된 느낌으로 연출한다. 너무 과도하게 발색하면 얼굴이 노랗게 떠보이므로 은은한 골드 광택으로 표현한다. 페이스 라인을 중심으로 셰이딩을 해서 얼굴에 음영이 지도록 한다.

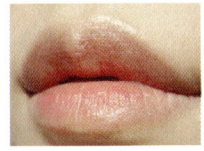 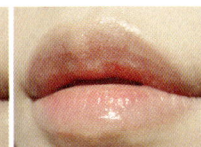

아이 메이크업이 화려한만큼 립 메이크업은 옅게 해보면 어떨까? 입술에 가벼운 혈색을 준 다음 펄감이 있는 립글로스를 덧발라 입술을 글로시하고 볼륨감있게 만든다.

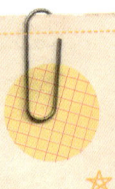

완성 메이크업

 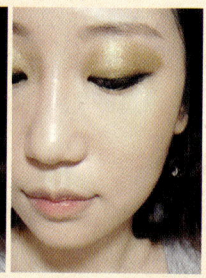

골드와 핑크의 느낌이 매치되어 여성스러운 느낌도 든다. 눈두덩이의 골드 면적을 조절하면서 발라주면 데일리 메이크업으로도 가능하다. 우선 이런 골드 메이크업에는 블랙, 베이지, 브라운, 골드 톤의 의상과 함께 매치하면 더더욱 돋보일 수 있다.

여기서 아이메이크업 데코레이션을 해보았다. 눈을 뜬 상태에서 눈두덩이에 글리터리한 데코레이션을 해주었다. 글리터 라이너(실버)로 콕콕 점을 찍어 큐빅효과를 줬다.

페이스 차트

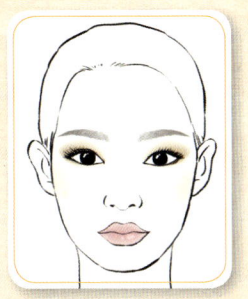

의상 착용 후 블랙의상과 매치했다. 글리터 아이라이너를 다양하게 활용해서 화려하고 재미있게 표현해보자. 화려한 이미지로 변신하고 싶다면 골드 메이크업을 놓치지 말자.

메이크업에 사용된 제품들

1. 파운데이션: 코겐도 모이스춰 파운데이션 **2.** 치크: 토니모리 쉬머러버 큐브 5호 골드 **3.** 셰이딩: 더 바디샵 브론즈 셰이드 웜글로우 **4.** 아이섀도우: 아멜리 스위트 케익 아이섀도우 185 올댓골드, 169 골든올리브, 스파클 스팟 아이섀도우 509 스포트라이트 **5.** 아이라이너: 크리니크 크림 쉐이퍼 포 아이즈 이집션 **6.** 글리터 아이라이너: 토니모리 크리스탈 티어 글리터 아이라이너 실버 **7.** 마스카라: 토니모리 맥시 볼륨 포스 마스카라 03호 워터프루프 **8.** 립: 리오엘리 블루밍팝 오렌지틴트, 티어스 더블링 글램 립글로스 DGL베이지

16. 곱디 고운
한복 메이크업

한복은 평소에 잘 입는 스타일도 아니고 평상복에 비해 화려하기 때문에 어떻게 메이크업과 헤어를 해야 할지 난감할 때가 많다. 어려워 보이지만 간단한 룰이 있으니 그 룰만 지킨다면 쉽게 메이크업과 헤어를 매치할 수 있다. 한복은 다양한 색이 들어가는 경우도 있고 평상복보다 컬러가 비비드하고 화려하기 때문에 평상시보다 훨씬 더 화사하게 메이크업을 해주는 것이 중요하다. 평소대로 화장했다간 얼굴이 오히려 칙칙해 보일 수 있으니 계절은 둘째치고 화사함을 잃지 않도록 해주어야 한다.

한복 메이크업시 주의할 점

1. 펄이 두드러진 아이글리터 제품은 자제한다. 옷도 화려한데 눈 화장도 블링블링 화려하면 너무 과하다.

2. 물광 화장은 자제한다. 물기가 뚝뚝 흐를 것 같은 물광은 접어 두고 가장 내 피부 같이 자연스럽게 연출해준다.

3. 트렌디한 컬러는 자제한다. 딸기우유빛 립스틱이라던지 스모키 메이크업에나 매치할 법한 아주아주 누디한 컬러, 형광핑크 컬러같은 유행컬러는 아무리 유행이어도 한복에서는 튀어 보이고 오히려 촌스러워 보일 수 있으니 삼간다.

4. 자연스럽게 화장하려고 한다 해서 너무 쌩얼처럼 연출하지 않는다. 화려한 한복에 묻혀 얼굴이 칙칙해 보이고 아파 보일 수 있으니 다른 색조는 못하더라도 입술에는 꼭 혈색을 주도록 한다.

헤어 스타일 연출 Tip

머리를 귀신처럼 풀어헤치는 것보다 묶은 머리가 잘 어울린다. 묶는 것은 기본, 여기에 올림머리를 해서 목선을 드러내주는 것이 한복의 맵시를 뽐낼 수 있는 방법이다. 그리고 빠질 수 없는 앞머리, 평소에는 앞머리가 있는데 한복 입었을 때는 어떻게 해야 될까? 앞머리를 올리는 것이 한복에 가장 잘 어울리지만 죽이도 이마를 드러내고 싶지 않다면 옆으로 앞머리를 틀어주자. 뱅스타일보다 살짝 가르마를 탄 듯한 앞머리가 더 잘 어울린다.

베이스 메이크업

베이스는 원래 피부보다 한 톤 밝게 표현해주면 된다. 최대한 결점을 커버하고 매끄럽고 자연스러운 윤기만 주도록 한다. 또 이마를 드러내고 얼굴라인을 다 드러내므로 셰이딩을 살짝 주는 것도 좋다. 너무 두드러진 음영말고 티가 날듯 말듯 옅게 셰이딩 해준다. 이마라인과 얼굴 옆선 턱에 살짝 터치해주면 얼굴라인을 다 드러내도 축소된 느낌을 줄 수 있다.

아이 메이크업

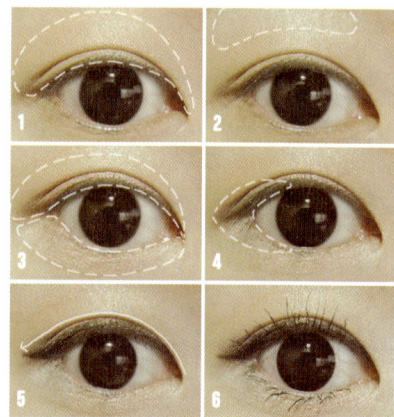

1. 골드톤의 아이섀도우를 눈두덩이에 바른다. **2.** 화이트 아이섀도우를 눈썹뼈 부분에서 눈두덩이까지 자연스럽게 그러데이션한다. **3.** 쌍꺼풀 라인과 언더라인에 인디 핑크 컬러를 발라 미묘한 색감차이를 준다. **4.** 눈꼬리 부분에는 살짝 음영을 주기 위해 세피아 컬러를 펴 바른다. **5.** 브라운 컬러의 젤 아이라이너로 쌍꺼풀 라인에만 라인을 그린다. **6.** 마스카라를 위, 아래로 깔끔하게 바른다.

립 & 치크 메이크업

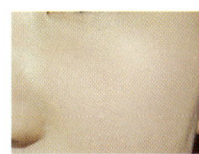

볼터치는 화사하고 투명하게 발색될 수 있는 제품을 고른다. 펄이 없는 매트한 타입보다는 펄이 살짝 들어간 쉬머한 타입이 더 잘 어울린다. 하이라이터도 살짝만 쓸어주어 광택감을 더해주지만 물광 느낌 정도로 표현하면 안된다.

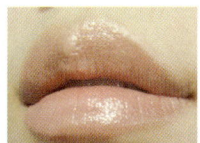

립 컬러는 핑크 베이지톤으로 얌전하고 차분하게 연출. 컬러는 핑크나 피치 컬러, 아니면 치마 컬러에 맞춰도 좋다. 빨간 치마는 선홍빛 립컬러, 핑크 치마면 핑크컬러, 그렇다고 파랑치마 입었다고 파란 립스틱 찾으면 절대 No!

완성된 아이 메이크업

입술과 볼터치를 화사하게 해줘야 하기 때문에 아이 메이크업은 거의 색감이 느껴지지 않고 눈의 라인을 또렷이 하는 정도로만 마무리한다. 멀리서는 티가 안나더라도 가까이서 보면 오묘하게 색감차이가 나서 예뻐 보인다. 골드나 베이지, 인디핑크, 브라운 계열의 아이컬러가 무난하다. 화사하게 보인다고 너무 환하고 도드라지는 파스텔 핑크는 어울리지 않는다.

완성 메이크업

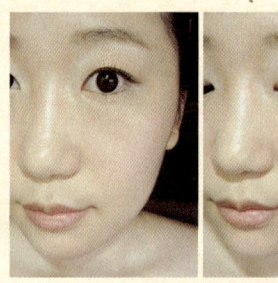 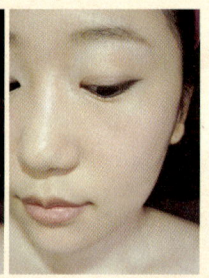

전체적으로 평범한 듯한 느낌이 난다. 하지만 은은하면서 미세한 반짝임이 느껴져서 어떤 한복 컬러와도 무난히 매치할 수 있다. 이마를 드러내는 경우가 많으므로 눈썹은 좌우대칭을 잘 맞춰 너무 진하지 않게 아치형으로 그린다.

의상 착용 후 꼬깃꼬깃 접어두었던 한복까지 꺼내 입어보니 메이크업과 잘 어울린다. 차분하면서 무난한 느낌으로 어느 한복에나 두루두루 매치 시킬 수 있는 메이크업이다.

립 메이크업

다른 립 컬러도 발  라보았다. 한복 치마의 색이 장미빛을 띄는 붉은 컬러여서 그에 맞춰서 발라주었다. 아이 컬러가 두드러지지 않아 립 컬러만 바꿔도 무리 없다. 붉은 빛의 립 컬러 덕분에 얼굴이 더욱 화사해 보인다. 립 컬러는 한복에 어울리게 화사하게 바르는 것도 잘 어울린다.

의상 착용 후 완전 붉은 레드빛 보다는 살짝 핑크기가 있는 로즈 컬러가 덜 부담된다. 적색의 치마를 입으신다면 붉은 립 컬러 완전 추천!

페이스 차트

메이크업에 사용된 제품들

1. 파운데이션: 조르지오 아르마니 루미너스 실크 파운데이션 4호. **2.** 아이브로우: 슈에무라 하드포뮬러 스톤 그레이. 에뛰드 하우스 프루프 10 방수 픽서 **3.** 마스카라: 키스미 히로인 마스카라 **4.** 아이라이너: 스틸라 스머지팟 브론즈 **5.** 아이섀도우: 디올 5꿀뢰르 이리디슨트 559호 **6.** 치크: 미키모토 카시아 아트 치크 2호 **7.** 하이라이터: 토니모리 쉬머 마블 블러셔 4호 **8.** 립: 샤넬 루즈 알뤼르 42호, 겔랑 키스키스 익스트림 립스틱 161호

3. 계절마다
화사하게 변신하는
사계절 메이크업

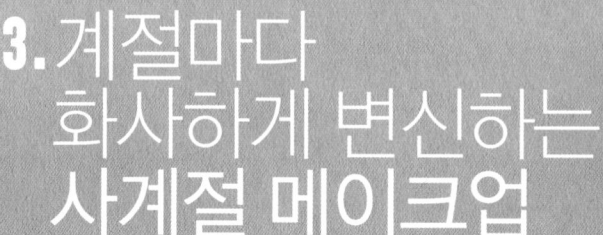

1. 봄 벚꽃보다 화사한 핑크 메이크업

봄이면 빠질 수 없는 컬러 핑크! 봄 메이크업 트렌드에 항상 등장하고 봄뿐만 아니라 다른 계절에도 많은 사랑을 받고 있다. 나도 둘째가라면 서러운 핑크 마니아! 지금은 아주 약간 시들하지만 고등학생 시절에는 이불, 칫솔, 공책 등등 학용품이나 개인생활용품이 핑크가 아니면 불안할 정도로 핑크에 목매고 살아왔다. 사랑스럽고 여성스러운 컬러여서 그런지 보고 있으면 온화해지는 기분이랄까?

다시 본론으로 돌아와서 핑크는 여자들의 선호도가 높은 컬러이지만 자칫 잘못 사용하면, 촌스럽거나 부어 보이는 역효과를 가져올 수 있어서 함부로 손도 못 대는 분들도 많은 것 같다. 가끔 핑크색 섀도우를 이용한 메이크업을 선보이면 "저는 부어 보여서…." 하면서 핑크를 소화하지 못하는 데 대한 하소연을 하는 분들이 종종 있다. 나도 새내기 시절 처음 화장을 할 때 분홍색 아이섀도우를 사용했는데 그렇게 어색하고 부어 보일 수가 없었다. '나 화장 처음 한 여자예요.'라는 티가 팍팍 났고 촌스럽기 그지없었다.

원포인트 핑크 메이크업을 할 때는 별 무리가 없지만 이번에 선보이는 메이크업처럼 전체적으로 핑크를 다 사용할 경우 과하지 않게 표현하는 것이 중요하다. 한 가지 컬러지만 밋밋하지 않고 심플하면서 화사하게 표현해야 되는 것이 관건이다. 벚꽃놀이 가서 사진 찍을 때 화사한 벚꽃을 기선제압할 수 있는 핑크 메이크업, 이제 벚꽃보다 더 화사해질 수 있는 핑크 메이크업을 시작해보자.

베이스 메이크업

물광, 윤광 등 윤기있는 피부보다는 자기 피부 같은 내추럴함과 화사한 피부 톤으로 연출한다. 자신의 피부 톤보다 한 톤 밝은 핑크 톤의 비비크림이나 파운데이션으로 피부를 창백한 듯 밝게 만들고 미세한 펄이 가득한 루스 파우더를 브러시로 가볍게 덧발라 투명하면서도 화사하게 마무리한다. 그러나 밝게 표현한다 해서 목과 차이가 현저히 날 만큼 가부끼 화장을 하는 것은 금물.

아이브로우

핑크는 어려 보이는 컬러이기도 해서 전체적인 인상이 어려 보이게 하는 것도 중요하다. 눈썹은 너무 각지지 않고 길게 그리지 않으며 너무 얇지 않게 그리도록 한다. 살짝 도톰한 눈썹은 어려 보이는 효과를 주지만 아주 두텁고 짙은 눈썹은 장군감이라고 놀림 받을 수 있으니 농도 조절과 두께 조절을 잘 하자.

아이 메이크업

쌍꺼풀이 있는 사람들은 눈두덩이에 핑크컬러를 넓게 바르는 게 어색하지 않지만 홑꺼풀인 사람들은 분명 부어 보일 것이다. 그럴 때는 좀 더 얇게 바르는 것이 좋다. 그리고 너무 밝은 파스텔 핑크는 돌출되어 보일 수 있으니 피해야 한다.

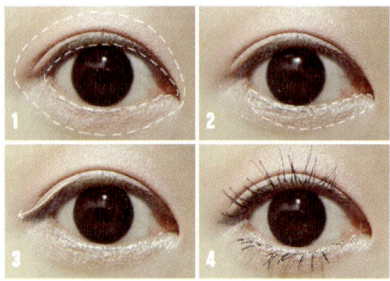

1. 눈두덩이와 언더라인에 핑크 아이섀도우를 베이스로 바른다. **2.** 언더라인 앞꼬리쪽에 펄감이 가득한 화이트 크림 섀도우를 발라준다. **3.** 전체적으로 아이라인을 그리지 않고 눈꼬리쪽에만 그레이 컬러의 아이라이너를 사용해 눈꼬리를 살려준다. 이때 눈꼬리만 그린 것이 많이 티나지 않게 얇고 자연스럽게 그려주어야 한다. 전체적으로 아이라인을 얇게 그려줘도 된다. **4.** 뷰러로 속눈썹을 찝어준 다음, 블랙 마스카라를 사용해 컬링을 살려 발라준다.

립 & 치크 메이크업

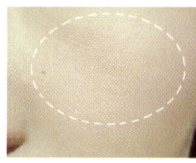

웃는 상태에서 광대 뼈가 돌출되면 가장 돌출된 부분보다 살짝 윗부분에 타원형으로 발라준다. 치크가 처져 보이면 더 나이 들어 보이고 얼굴이 길어 보일 수 있다. 반면에 적당히 위로 올라가 있으면 어려 보이는 느낌을 줄 수 있다.

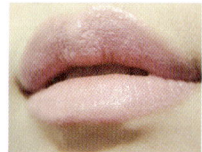

치크나 아이 메이크업이 많이 튀지 않기 때문에 립 메이크업에서는 핑크의 느낌을 잘 살려야 한다. 사랑스러운 딸기우유빛 립스틱으로 핑크 메이크업을 마무리한다.

아이 완성 메이크업

이렇게 해서 완성된 메이크업. 순해 보이고 퓨어한 느낌으로 연출된 아이 메이크업이다.

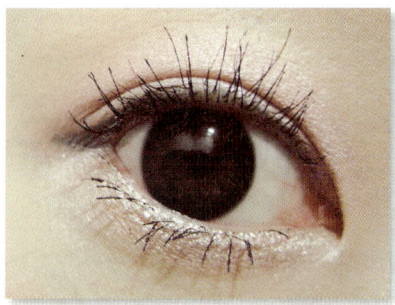

완성 메이크업

섀도우부터 립까지 모두 핑크지만 부담스럽고 어색하지 않다. 한 가지 색으로 통일할 경우, 톤의 차이를 두어서 미세하게 다른 핑크의 느낌을 주는 것이 좋다.

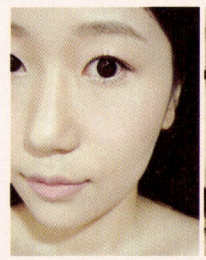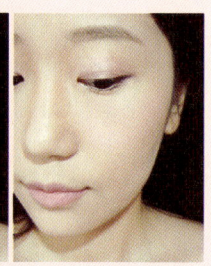

의상 착용 후 봄에 어울릴 만한 아이보리 톤의 블라우스나 가디건과 함께 매치하면 깨끗한 이미지와 함께 메이크업이 더욱 돋보일 수 있을 것이다.

페이스 차트

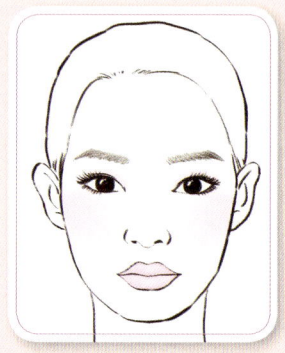

메이크업에 사용된 제품들

1. 베이스: 에뛰드하우스 진주알 맑은 비비 1호 **2.** 파우더: 로트리 미네랄 쉬머 스킨 파우더 21호 **3.** 아이섀도우: 슈에무라 츠모리 치사토 플래닛 리본 팔레트 **4.** 아이라이너: 시티아이즈 바이 이기우 펄리 아이즈 컬러펜슬 02호 펄 그레이 **5.** 마스카라: 키스미 히로인 롱앤컬 마스카라 **6.** 치크: 투쿨포스쿨 플레이치크 엔젤블러셔 1호 엔젤핑크 **7.** 립: 투쿨포스쿨 립스터 디 워터빔스틱 2호 스트로베리 밀크

2. 봄 파릇파릇한 그린 메이크업

　　그린 아이섀도우라고 하면 질색하는 분들이 많다. 그린은 눈에 바르기엔 과한 컬러이고 절대 바르면 안되는 금기의 컬러인 것 마냥. TV를 보면 촌스럽게 연출된 아이 메이크업은 거의 블루 아니면 그린컬러를 사용해 과장된 느낌을 줘서 그런지 선입견이 생긴 것 같다. 하지만 바를 때 몇 가지 주의사항만 지키면 상큼하고 파릇파릇 해보이는 그린 메이크업을 할 수 있다.

　　우선 절대 과장되지 않도록 넓은 면적이 아닌 좁은 면적으로 바르면 멍들어 보이거나 촌스러워 보일 염려는 없다. 그린 컬러가 워낙 튀는 색상이니 원 포인트로 사용하거나 그린과 비슷한 계열인 옐로우나 골드와 같이 매치시키는 것도 좋다. 피크닉 갈 때 캐쥬얼한 복장에 상큼하게 그린 메이크업을 추천하고 싶다.

베이스 메이크업

피부표현은 가볍고 내추럴하게! 봄이 되면 자외선 차단제는 기본으로 바르고 가벼운 비비크림이나 틴티드 모이스처라이저로 투명피부를 연출한다. 그린 아이섀도우는 쿨 톤보다는 웜톤의 피부에 더 잘 어울리는 컬러이므로 옐로우 베이스를 사용하면 좋을 것이다. 그렇다고 황달걸린 사람처럼 누렇게 떠 보이게 표현하지 않도록 한다.

아이 메이크업

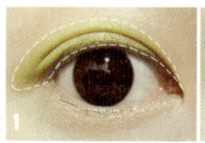 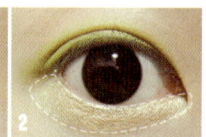

1. 그린 아이섀도우를 눈두덩이에 평소보다 얇게 그려준다. 눈을 떴을 때 그린 컬러가 살짝 보이는 정도로. **2.** 언더라인에 옅은 옐로우 컬러의 아이섀도우를 발라준다. 그린 컬러와 잘 어울리는 옐로우 컬러를 선택했다.

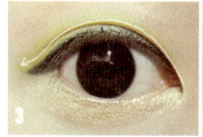 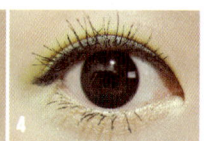

3. 짙은 그린 컬러의 젤 라이너를 사용하고 윗라인에만 아이라인을 그린다. 대개 블랙 라이너를 많이 사용하는데 이런 컬러풀한 아이섀도우에는 블랙 라이너보다는 컬러에 어울리게 톤온톤으로 사용하거나 여의치 않다면 이 그린 컬러에는 브라운 컬러도 잘 맞을 것이다. **4.** 뷰러로 속눈썹을 찝은 뒤 마스카라를 위, 아래로 발라준다.

립 & 치크 메이크업

치크는 살짝 오렌지
빛의 혈색있는 컬러
를 골라 발랄한 느낌
을 더해준다. 핑크 톤
보다는 오렌지, 코랄 계열이 그린과는 더 잘
어울린다. 블러셔에 광택감이 더해져 더 혈색
있고 건강해 보인다.

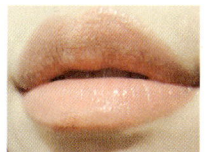

립스틱은 글로시한
질감의 오렌지빛 립
스틱을 골라 치크와
통일감을 준다. 글로
시한 느낌은 나이가 덜 들어 보여서 발랄한 느
낌을 주기에 좋다.

완성된 아이 메이크업

그린 라이너와 잘 조합해서 그린의 느낌을 많
이 보여줄 수 있다. 눈두덩이의 그린 컬러 면
적만 잘 잡아주면 튀지 않는 그린 컬러 메이크
업을 할 수 있다.

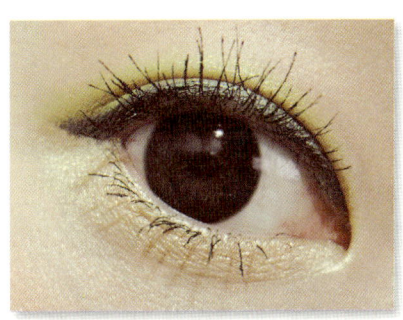

완성 메이크업

전체적인 느낌이 의외로 많이 튀지 않는다. 그린, 옐로우, 오렌지 3가지 모두 트로피컬한 느낌의 컬러로 초여름까지 무난하게 응용할 수 있다. 캐쥬얼하게도 여성스럽게도 모두 연출 가능하다.

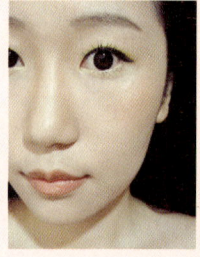 

의상 착용 후 그린 컬러의 의상이나 옐로우 컬러 의상에 어울리고 심플하게 흰색 티셔츠만 입어도 잘 어울릴 것이다. 그린 컬러를 너무 두려워하지 말고 도전해보자.

페이스 차트

메이크업에 사용된 제품들

1. 베이스: 고운세상 브라이트닝 밤SPF30 PA++ **2.** 아이섀도우: 랑콤 컬러디자인 아이섀도우 413호 그린 비키니, 에꼬르 아티스트 아이섀도우 2호 **3.** 아이라이너: 네이처리퍼블릭 맥시파워 웰루킹 젤 아이라이너 4호 카키 **4.** 마스카라: 시셀 스윙 컬 마스카라 **5.** 블러셔: 맥 미네랄라이즈 블러쉬 임프로바이즈 **6.** 립: 맥 슬림샤인 립스틱 미씨

3. 여름 바다를 닮은 마린걸, 블루 메이크업

매년 여름이 되면 휴가는 어디로 갈지 계획을 세우기 바쁘다. 여름 휴가하면 가장 먼저 떠오르는 곳은 바다. 물보다 사람이 더 많아 여유롭게 수영조차 못하지만 물에 몸만 담가도 그저 즐거운 것 같다. 바다로 휴가를 떠나기로 결정했다면 마린걸을 연상시키는 블루 메이크업에 도전해보자.

블루 컬러는 시원해 보여서 여름에 시원한 눈매를 만들어주기에 딱 좋다. 하지민 블루 컬리 역시 이려워하는 분들이 너무나도 많다. 너무 튀어 보인다거나 멍들어 보일 것 같다거나 자신과는 어울리지 않는다며 고개를 절레절레. 블루가 시도하기 어려운 컬러인 것은 맞다. 나도 블루 컬러를 잘 사용하는 편은 아닌데 우연히 사용하고 나서 나랑 의외로 잘 어울린다는 것을 알게 되었다. 직접

사용해보지 않으면 자신에게 어떤 컬러가 어울리는지 알
지 못한다. 끊임없이 새로운 컬러에 도전해야 자신의 얼
굴과 분위기에 잘 맞는 컬러를 늘려갈 수 있다. 파스텔톤
의 블루 컬러는 쌍겹인 분들이, 비비드한 블루 계열은 홑
겹인 분들이 사용하면 좋을 것이고 메인은 블루, 포인트
는 화이트로 매치할 경우 시원한 느낌이 훨씬 더 강해 보
인다. 블루와 화이트는 찰떡궁합! 더위를 한방에 날려버
릴 수 있는 시원한 블루 메이크업을 시작해보자.

베이스 메이크업

여름엔 피지와 유분이 많이 올라오기 때문에
지성피부가 견디기 참 힘든 계절이다. 피지와
유분조절 기능이 있는 베이스 제품을 사용해
서 피부가 오랫동안 지속될 수 있게 한다. 블루
는 쿨 톤의 컬러이므로 누런 피부 톤 보다는 하
얗고 깨끗한 피부 톤으로 연출하는 것이 좋다.

아이 메이크업

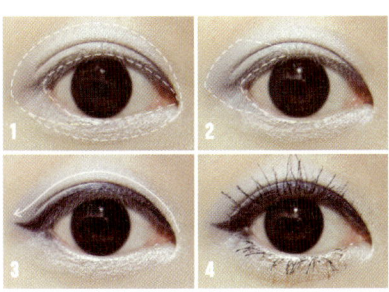

1. 스카이 블루 컬러 아이섀도우를 눈두덩이와 언더라인
끝쪽에 이어 발라준다. 눈두덩이의 면적은 너무 넓지 않
게 잡아준다. **2.** 스카이 블루보다 한 톤 진한 블루 컬러
를 눈꼬리쪽에 발라 음영을 주고 블루 색감을 더해준다.
3. 네이비 컬러의 젤 라이너를 윗라인과 언더라인 끝부
분에 그려주고 화이트펜슬로 언더라인 앞부분에 그려준
다. **4.** 속눈썹을 뷰러로 찝어 컬링을 준 뒤에 마스카라를
위, 아래로 발라준다.

립 & 치크 메이크업

블루 아이섀도우는 코랄이나 오렌지 빛의 컬러 치크가 잘 어울리는 편이다. 너무 붉은기가 많은 것은 금물. 눈에 시선이 집중되어야 하기 때문에 치크는 무난하고 튀지 않게 과하지 않게 터치해준다.

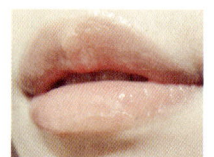

입술을 탱탱하게 보이게 해주는 유리알 광택의 립글로스를 발라 전체적인 화장이 더워 보이지 않게 해준다. 블루가 컬러감이 강하기 때문에 여린 오렌지빛을 발랐다. 블루 아이 메이크업엔 치크와 립 컬러가 강하지 않아야 촌스러워 보이는 것을 피할 수 있다.

완성된 아이 메이크업

눈을 깜빡깜빡 거릴 때마다 은은한 블루 색감을 잘 느낄 수 있다. 블루와 잘 어울리는 네이비 컬러 아이라이너 덕분에 블루의 느낌이 더 잘 전달된다.

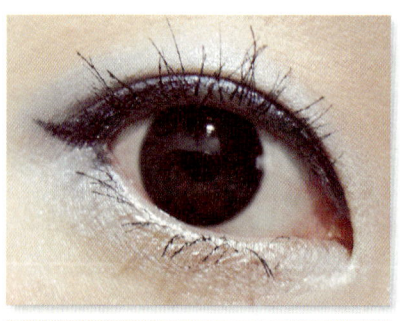

완성 메이크업

치크와 립이 통일감 있어 시선이 분산되지 않고 눈으로 더 집중할 수 있다. 이정도면 부담스럽지 않게 블루 메이크업을 할 수 있을 것이다.

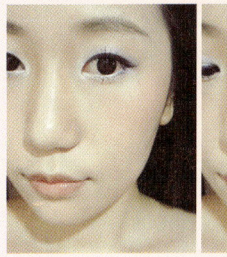

의상 착용 후 블루 컬러의 옷은 물론 화이트 면 티셔츠에 데님팬츠 같은 심플한 코디에 매치하면 좋다. 의상과 은근히 매치한 메이크업은 컬러감각을 더욱 돋보이게 할 수 있다.

페이스 차트

메이크업에 사용된 제품들

1. 베이스: CNP BB프라이머 **2.** 아이섀도우: 마디나 밀라노 폴 인투 뷰티 쿨 스카이 **3.** 아이라이너: 토니 모리 크리스탈 아이 데코레이션 1호, 네이처리퍼블릭 맥시파워 웰루킹 젤 아이라이너 5호 네이비 **4.** 마스카라: 키스미 히로인 롱앤컬 마스카라 **5.** 블러셔: 베네피트 박스 오 파우더 코랄리스타 **6.** 립: 디올 립 폴리쉬 003호

4. 여름 건강미가 돋보이고 섹시한 태닝 메이크업

　　우리나라는 다른 나라에 비해 태닝 제품의 구매율이 높지도 않고 태닝 메이크업을 즐겨하는 사람도 많지 않다. 누런 피부마저도 용납하지 못해 백설공주처럼 하얀 피부를 위해 열을 올리는 것이 우리나라 여성들의 취향이기 때문. 그래서 우리나라는 화이트닝 제품이 잘도 팔린단다. 흰 도화지에 컬러가 잘 두드러지는 것처럼 흰 피부여야 립스틱, 아이섀도우 컬러가 선명하게 빛나 메이크업을 돋보일 수 있어서 나 또한 하얗고 뽀얀 피부는 워너비 스타일이지만 여름만 되면 탄탄해 보이는 구리빛 태닝 피부가 탐나기 마련이다. 남의 떡이 더 커 보이는 기분? 그렇다고 반영구적인 태닝을 하기에도 무섭다. 태닝을 하면 생기는 부작용에 대한 소문들이 나의 노파심을 키운 덕분이다. 또 변덕스러운 마음이 들어 다시 하얘지고 싶을 경우, 오랜 시간이 걸린다는 것도 문제이다. 그렇다고 1년 내내 밀가루인형처럼 하얗게 살아가기엔 뭔가 지루하지 않은가? 이럴 때는 태닝한 듯한 브론징 메이크업으로 가끔 스쳐가는 태닝 욕구를 충족시켜줄 수 있다.

　우선 태닝 메이크업을 하면 가장 좋은 점은 얼굴이 탄탄하고 작아 보이는 효과가 있다. 누구나 알 것이다. 흰색은 부피가 커 보이고 검은색은 부피가 축소되어 보이는 그런 효과. 물론 아프리카 토인처럼 새까맣게 피부를 표현하는 건 아니지만 평소보다 어두운 피부는 새하얀 피부보다는 얼굴을 작게 보이게 하는 효과가 있다. 그럼 칙칙해지지 않을까 걱정하는 분들도 있을 것이다. 어두운 피부는 칙칙함이 절대 아니고 피부 컬러가 바뀌는 것뿐이다. 이효리가 하면 섹시해 보이는데 왜 내가 하면 밭 매나 온 아낙네 같은 것인가? 고민 아닌 고민을 했다면 지금부터 주목하라.

베이스 메이크업

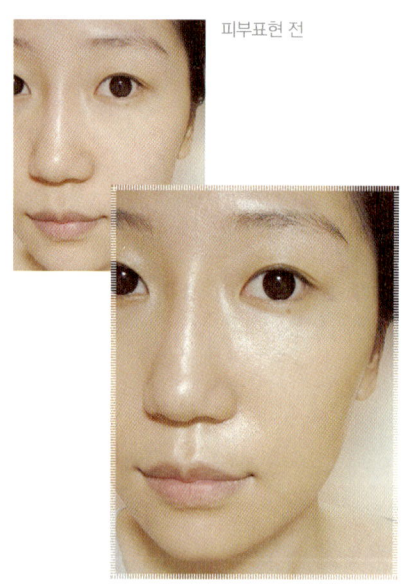

피부표현 전

피부는 매트한 것보다 촉촉하고 매끈하게 표현하는 것이 좋다. 그렇다고 끈적끈적하게 할 필요는 없고, 사실 태닝 메이크업은 피부표현이 최대 관건이다. 잘못하면 얼룩덜룩하게 발라져 시골에서 막 상경한 촌닭 아가씨가 될지도 모르니 말이다. 도시에서 세련되게 그을린 듯하게 휴양지에서 제대로 태닝한 그런 느낌이 들도록 해야 된다. 매끈하고 촉촉하고 그을린듯한 피부를 위해 펄 리퀴드 하이라이터와 태닝 젤을 섞어 발라줬다. 얼굴뿐만 아니라 목 앞쪽, 뒤쪽, 데콜테, 귀 뒤쪽까지 브론징 파우더를 발라주어 자연스럽게 연결해주는 것도 중요하다. 얼굴에만 신경 쓰다 이어진 부분을 간과하고 다른 신체부위가 하얗게 남아있다면 완전NG !

피부표현 후

아이 메이크업

눈은 브라운이나 브론즈, 또는 골드 컬러로 매치시키는 것이 가장 무난하고 안전한 방법이다. 브론징 메이크업을 하면 대개 스모키 메이크업을 많이 하는데 시간이 지나면 더 퀭해 보이고 칙칙해 보일 수 있다. 그래서 비비드한 컬러로 화사하게 연출해봤다.

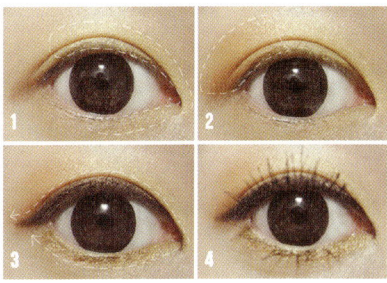

1. 옐로우 골드 컬러를 눈두덩이 앞쪽과 언더라인에 발라준다. 언더라인은 아주 가볍게만 발라준다. **2.** 오렌지 컬러를 눈두덩이 뒤쪽에 포인트로 바른다. **3.** 윗라인에는 브라운 컬러 라이너를, 언더라인에는 골드 컬러 라이너를 그려준다. **4.** 뷰러로 찝은 뒤에 마스카라를 위, 아래로 바른다.

→ -

완성된 아이 메이크업

옐로우, 골드, 오렌지 컬러가 잘 어우러진다. 글리터리한 펄감보다는 쉬머한 텍스처를 메인으로 했고 좀 더 화려하게 표현하려면 글리터리한 펄감도 좋으나 데일리 메이크업처럼 무난하게 연출하려면 간단한 색의 매치만으로도 충분하다.

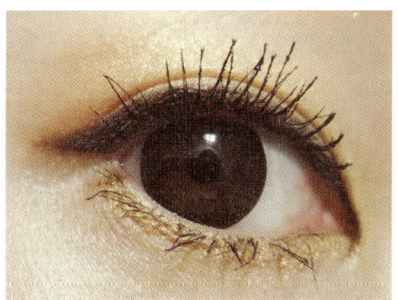

치크 메이크업

구리빛 피부를 표현해준 뒤 셰이딩 파우더로 얼굴 윤곽선을 잡아주면 더 탄탄해보이고 얼굴이 작아 보일 수 있다. 여름엔 더우니깐 올림머리를 할 때가 많은데 그럴 때 얼굴을 더 갸름해 보이게 해줄 수 있다.

턱선, 헤어라인 쪽을 자연스럽게 펴 바르면 음영이 드리워진다. 경계선이 생기지 않게 잘 펴 바르는 것이 중요하다. 블러셔는 생략해도 좋고 굳이 바르겠다면 코랄 계열 컬러를 추천한다. 색감은 아주 옅게 표현하도록 한다.

립 메이크업

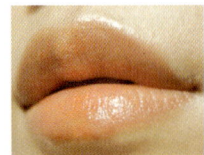

태닝 메이크업에서 자주 애용되는 누디한 컬러보다는 혈색있는 오렌지 계열로 상큼한 주스를 입술에 머금은 듯한 느낌을 주도록 한다. 아이 메이크업의 오렌지 컬러와 매치되면서 통일감이 느껴지고 피부표현과 비슷하게 살짝 매끈하고 촉촉한 텍스처라서 잘 어울릴 수 있다.

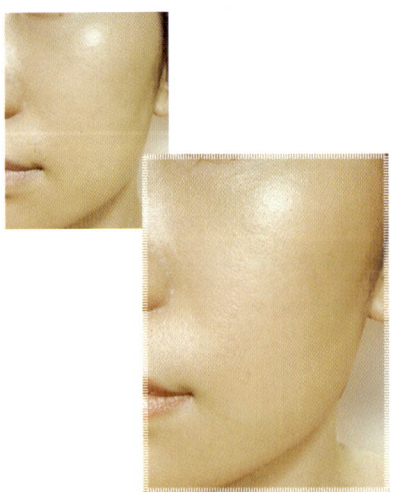

완성 메이크업

태닝 스킨이 독이 되지 않게 화사하고 밝은 느낌을 주기도 하고 자연스럽게 셰이딩하여 얼굴도 작아 보이는 효과를 얻을 수 있다. 전체적으로 옐로우와 오렌지가 돋보이는 태닝 메이크업이다. 치크는 따로 해주지 않아서 덜 부담스러워 보일 수 있다. 세부나 몰디브에서 여유롭게 태닝한 듯한 느낌! 바캉스 계획이 없다면 이렇게라도 기분전환 하는 것이 좋을 듯하다.

의상 착용 후 시원해 보이는 큼직큼직한 액세서리와 레오파드 패턴 의상의 찰떡 궁합. 여름 메이크업의 단골 컬러인 블루에서 벗어나 더 돋보일 수 있고 웜한 컬러들이기 때문에 동양인의 얼굴과도 참 잘 어울리는 것 같다.

페이스 차트

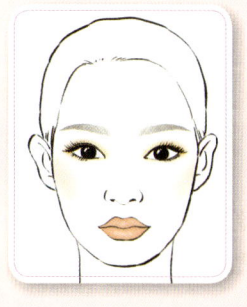

메이크업에 사용된 제품들

1. 비비크림: 에뛰드하우스 TOP10 V라인 비비크림 **2.** 펄 베이스: 조성아 루나 젤스킨베이스 **3.** 하이라이터: 끌레드뽀보테 팔레트 빈티지 **4.** 브론저: 더 바디샵 브론즈 셰이드 웜글로우 **5.** 아이섀도우: 샤넬 레 까뜨르 옹브르 15호 **6.** 아이라이너: 우드버리 아이라이너 펄 브라운, 네이처리퍼블릭 메이크 미 페인팅 젤라이너 골드 **7.** 아이브로우: 페리페라 필소굿 아이브로우 2호 **8.** 마스카라: 키스미 히로인 볼륨 앤 컬 마스카라 **9.** 립: 랑콤 컬러피버 듀이 샤인 107호 오렌지 미스트

5. 가을
카푸치노처럼 부드러운
브라운 메이크업

가을하면 가장 먼저 떠오르는 키워드? 단풍, 낙엽, 트렌치 코트, 커피, 브라운일 것이다. 가을이 되면 뭔가 센치한 기분이 들고 낙엽 밟고 길을 거닐며 생각에 잠겨야 할 것 같고 날씨가 춥기 시작해지면 트렌치 코트 두르고 분위기 잡으며 테라스가 있는 카페에서 카푸치노 한 잔 즐기고 싶은 그런 로망이 있다. 어쨌든 가을에 브라운은 절대 빠질 수 없는 컬러다. 브라운 컬러는 고맙게도 동양인에게 잘 어울리는 컬러라서 한국 여성 피부와 궁합이 잘 맞기도 하다. 반면에 자칫 잘못 바르면 노숙해 보인다는 단점이 있기도 하다. 나이 들어 보인다는 이유로 브라운 아이 메이크업이라면 고개를 절레절레 흔든다면 붉은 기가 덜한 회갈색 느낌의 브라운 컬러를 선택해 소프트하면서 스모키한 느낌으로 연출하도록 하자.

베이스 메이크업

가을쯤 되면 환절기로 피부가 고생일 것이다. 각질이 들뜨고 피부가 푸석푸석해 보여 피부표현 하기가 정말 녹록하지 않다. 창백하고 흰 피부톤보다는 은은하고 내추럴한 피부톤이어야 브라운 컬러가 자연스럽게 묻어갈 수 있다.

브라운 컬러는 잘만 쓰면 베이직하면서 고급스럽게 눈매를 돋보일 수 있고 인상이 부드러워 보이는 오피스 레이디룩으로도 손색이 없다. 골드, 베이지, 핑크, 카키 컬러와 매치하면 그윽하고 가을느낌을 물씬 느끼게 해줄 수 있다. 닉엽이 띨어짐을 우울해하지 말고 브라운 메이크업으로 기분전환 해보자.

아이 메이크업

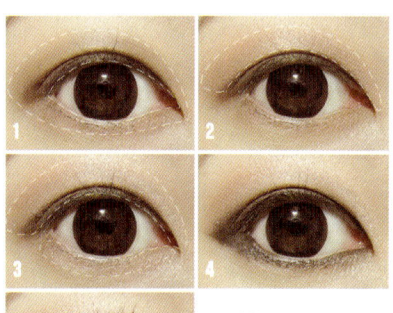

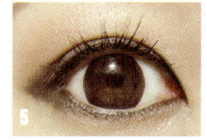

1. 짙은 컬러의 딥브라운 아이섀도우를 눈두덩이의 중간 정도의 면적과 언더 라인에 얇게 바른다. 가장 짙은 컬러를 먼저 사용하는 것도 아이 메이크업의 방법 중 하나이다. **2.** 살구빛 브라운 컬러를 눈두덩이에 넓게 펴 바른다. **3.** 펄이 굵은 아이섀도우를 눈두덩이와 언더 라인에 발라 반짝임을 주고 눈가를 밝힌다. **4.** 브라운 아이라이너로 아이라인을 위, 아래 메워주고 딥 브라운 아이섀도우로 한 번 더 덮어 바른다. 라인이 번진 듯 눈매가 더 부드러워 보일 수 있다. **5.** 마스카라를 바르면 완성!

립 & 치크 메이크업

치크는 와인이나 브론즈 계열을 추천, 와인톤의 치크는 붉은 기가 돌아 혈색있어 보이고 성숙한 느낌을 더해줄 수 있고 브론즈 계열은 브라운 아이컬러와 자연스럽게 이어지며 베이직하게 연출할 수 있다. 나의 경우 베이직한 브론즈 컬러를 선택했다.

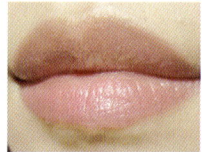

차분한 핑크 컬러를 골라 얌전하면서 화사한 분위기를 주었다. 치크에서 색감을 많이 포기한 만큼 립은 화사한 색감을 골라줬다. 장미빛의 입술을 연출해줘서 부드럽고 여성스러운 분위기를 살려준다. 너무 매트하거나 너무 글로시한 텍스처의 립보다 피부처럼 살짝 광택감이 도는 립 제품이 좋을 것이다.

완성 메이크업

브라운 메이크업을 할때는 거의 실패한 적이 없는 것 같다. 자랑이 아니라 그만큼 한국인 얼굴에 잘 맞기 때문일 것. 한국 여성이라면 브라운 정도는 무난하게 소화 가능하나 내 나이보다 더 들어 보이지 않을 만큼만 표현하는 것이 관건이다.

의상 착용 후 가을이면 꼭 등장하는 트렌치코트와 브라운, 베이지 니트류에 잘 어울리고 오피스 정장에도 깔끔하게 어울릴 수 있는 메이크업이다. 직장여성 분들 중 어떻게 메이크업할지 고민된다면 브라운 메이크업만 마스터해도 메이크업이 어설프다는 핀잔에서 벗어날 수 있을 것이다.

페이스 차트

메이크업에 사용된 제품들

1. 베이스: 랑콤 에끌라 미라클 래디언스 부스터 **2.** 파운데이션: 랑콤 미라클 파운데이션 **3.** 컨실러: 에뛰드하우스 서프라이즈 스틱 컨실러 **4.** 치크: 더 바디샵 브론즈 셰이드 웜 글로우 **5.** 아이섀도우: 랑콤 옹브르 압솔뤼 쿼드 아이섀도우 팔레트(F30) **6.** 아이라이너: 바비브라운 콜 라이너 블랙 초콜렛 **7.** 아이브로우: 페리페라 필소굿 아이브로우 **8.** 마스카라: 데자뷰 피버윅 마스카라 **9.** 립: 랑콤 압솔뤼 크렘 363호

6. 가을
신비롭고 몽환적인
퍼플 메이크업

브라운의 아성을 무너뜨릴 만한 가을에 새롭게 떠오르는 컬러, 퍼플이다. 가을하면 브라운, 브라운하면 가을. 이런 공식에 슬그머니 퍼플이 끼어들고 있다. 사실, 끼어들었다기보다는 퍼플이 이제서야 본색을 드러내기 시작한 것이란 표현이 맞을 것 같다. 자주빛의 퍼플은 푸른기가 도는 바이올렛보다 붉은기가 더 돌아 따뜻해 보이는 색감이다. 퍼플이나 바이올렛은 고급스럽고 여성스럽고 화려한 느낌으로 여성에게 잘 어울리는 컬러이지만 눈화장으로는 친숙하게 사용하지 않는 편이다. 왜냐하면 가장 많이 우려하는 점들, '부어보인다, 촌스러워보인다, 너무 부담스럽다' 등등 때문이다.

누누히 얘기하지만 농도만 잘 조절하고 립과 치크 메이크업을 잘 매치해주면 메이크업 컬러 고르는 일이 부담

스럽고 어려운 일만은 아니다. 가
을에 주구장창 브라운 옷만 입으
란 법도 없고 와인, 퍼플, 인디핑
크, 블랙컬러의 옷도 입어야 되지
않겠는가? 그런 컬러의 옷과 너무
나도 잘 어울릴 수 있는 것이 바로
퍼플 아이 메이크업이다. 브라운
처럼 성숙한 느낌을 주면서 섹시
한 면모와 여성성을 부각시킬 수
있는 컬러이다. 이 아까운 컬러를
절대 놓치지 말기 바란다.

베이스 메이크업

브라운 컬러 메이크업을 할 때는 얼
굴 본연의 내추럴함을 살리면서 노란
기운을 느끼게 했다면 퍼플 컬러 메
이크업을 할 때는 노란기를 배제하는
것이 좋다. 핑크 메이크업을 할 때 처
럼 창백할 필요는 없고 노란기가 많
이 돌지 않게 베이스 컬러를 골라주
고 가볍게 파우더를 덧발라 화사하고
'뽀사시'하게 마무리한다.

아이 메이크업

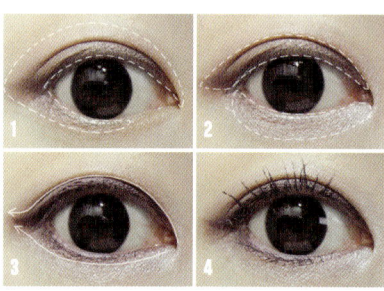

1. 눈두덩이와 언더라인에 이어 라이트한 퍼플 컬러를 베이스로 발라준다. **2.** 짙은 퍼플 컬러를 눈두덩이에 발라 베이스컬러와 자연스럽게 그러데이션 시키고 언더라인엔 화이트한 느낌의 컬러를 발라 그러데이션 시켜준다. 화이트에서부터 짙은 퍼플까지 자연스럽게 연결된 듯하게 그러데이션되어 퍼플 단독으로 바르는 것보다 더 부드러워 보인다. **3.** 아이섀도우와 비슷한 퍼플 컬러의 펜슬 라이너로 위, 아래 라인을 다 그려준다. 같은 계열의 아이라이너를 사용하면서 이질감을 느끼지 않게 퍼플색감을 더 도드라져 보이게 해준다. **4.** 뷰러로 속눈썹을 찝어 준 뒤에 퍼플 컬러의 마스카라를 위, 아래 발라준다. 블랙 컬러도 괜찮지만 같은 톤의 마스카라가 눈매를 더 그윽하게 보이게 해준다.

립 & 치크 메이크업

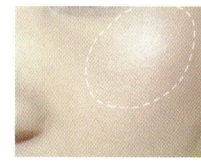

퍼플과 핑크가 섞인 듯한 색감의 블러셔를 바른다. 펄감이 있기 때문에 얼굴 안쪽 모공이 두드러진 곳 보다는 광대뼈 부분을 중심으로 발라주는 것이 좋다. 펄감이 좋아서 따로 하이라이터를 바를 필요는 없다.

퍼플 아이메이크업일 경우 핑크톤이나 베이지톤의 립스틱을 매치해주는 것이 좋다. 나는 트렌디한 딸기우유빛 립컬러를 골랐다. 너무 형광빛이 도는 컬러는 자제하고 사랑스러운 핑크빛이 많이 가미된 딸기우유빛을 고르자.

완성 메이크업

좀 짙은? 아니 많이 짙은 핑크 메이크업 정도. 하지만 부담스럽지 않으면서 가을과 어울릴만 한 분위기 연출이 가능하다. 로맨틱한 감성의 가을 퍼플 메이크업 은 핑크의 성숙된 느 낌으로 여성적인 면 모를 과시하고 싶을 때 꼭 하게 된다.

의상 착용 후 퍼플컬러의 가디건이나 원피스, 블라우스와 매치해서 가을 로맨틱 룩을 연출 해보면 어떨까? 한번 빠지면 헤어 나올 수 없 는 컬러, 가을만 되면 퍼플과 브라운 둘 중 하 나 고르느라 고민이다. 이효리는 고민고민하 지 말라고 외쳤지만 나의 경우 딱 하나를 선택하기 힘들만큼 가을에 매력적인 두 컬러이다.

페이스 차트

메이크업에 사용된 제품들

1. 베이스: 코겐도 모이스춰 파운데이션 02호 **2.** 파우 더: 베네피트 헬로 플로리스 **3.** 아이섀도우: 토니모리 트리플 돔 아이섀도우 04 퍼플 와인 **4.** 아이라이너: 메이크업포에버 아쿠아 아이즈 4L **5.** 마스카라: 부르 주아 꾸드 떼아뜨르 2in 1 55호 **6.** 블러셔: 슈에무라 글로우온 P Purple 05B **7.** 립: 맥 립스틱 컬러크래 프트

7. 겨울 시크한 차도녀 되기, 그레이 메이크업

　　겨울은 유난히도 무채색이 많이 사랑 받는 계절이다. 블랙, 그레이, 화이트, 이 세 컬러가 겨울에 남녀노소를 불문하고 사랑 받고 있다. 가끔 짜맞추기라도 한 듯 거리의 사람들이 블랙이나 그레이 컬러로 물결칠 때면 백의민족이 아니라 겨울만큼은 흑의민족이나 회의민족쯤은 된 듯 보인다.

　　때 안 타보이고 질리지 않고 어떤 얼굴톤에도 무난히 맞는다는 장점을 가지고 있는 컬러, 메이크업에 있어서도 그레이나 블랙, 화이트의 무채색을 빠뜨릴 수 없다. 그런데 의외로 옷 입을 때보다 얼굴에 이 색을 얹을 때 더 조심스럽다. 블랙은 너무 강하고 도드라져 보일 수 있고 화이트는 동동 떠 보일 수도 있기 때문이다. 이 둘을 합한 그레이 컬러는 뭔가 부드러우면서 강인함이 느껴진다.

블랙도 화이트도 너무 강조 되는게 싫다면 그레이컬러로 승부하자. 겨울에 즐겨 입는 짙은색의 코트나 니트류와도 잘 어울리고 실버 펄이 가미되면 화려함을 부각시켜 연말 파티 메이크업으로도 손색없다. 립과 치크 매치를 무난하게 잘 해주면 오피스룩으로도 가능하다.

그리고 그레이 컬러의 무심한 듯 시크한 이미지는 당신을 더욱 세련되고 엣지있어 보이게 해줄 것이다. 그레이는 단독 사용으로 심플하게 연출 가능하고 블랙과 화이트와 자연스럽게 블랜딩하여 볼륨감있는 눈매를 연출해도 좋다. 세련된 커리어 우먼과 화려한 파티걸! 그레이 컬러 하나로 두 마리 토끼를 잡을 수 있다.

베이스 메이크업

그레이 컬러를 소화하려면 누런 피부 톤보다
는 약간 창백한 피부 톤이 잘 어울린다. 물론
그레이 컬러도 여러 톤이 있지만 일반적인 그
레이컬러는 쿨 톤의 컬러라 누런 피부에서는
이질감이 느껴질 수도 있다. 핑크베이스의 파
운데이션을 발라 피부 톤을 그레이와 잘 어울
리는 쿨톤의 하안 피부로 정돈해준다.

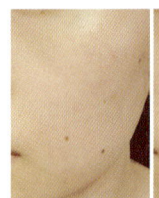 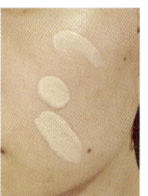

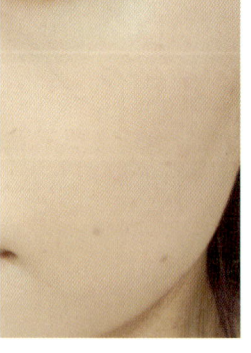

아이 메이크업

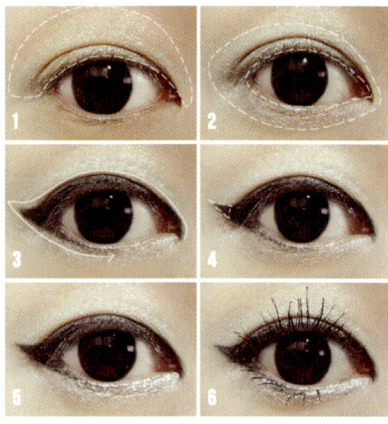

1. 눈두덩이에 펄감이 화려한 그레이 컬러의 크림 섀도우
를 넓게 바른다. **2.** 눈두덩이 반틈과 언더라인에 파우더
타입의 그레이 섀도우를 덧발라 색감을 강조해준다. **3.**
블랙 펜슬 라이너로 아이라인을 꼼꼼하게 빈틈없이 채우
고 눈꼬리를 살짝 올린다. **4.** 펜슬 라이너로 눈꼬리를 날
렵하게 그려주지 못하므로 붓펜 라이너로 끝부분만 날렵
하게 보정해준다. **5.** 언더라인 앞꼬리쪽엔 메탈릭한 실
버 글리터 라이너로 포인트를 주어 블랙과 그레이만 코
디 했을 때의 지루함을 커버해준다. **6.** 뷰러로 속눈썹을
찝어 준 뒤에 마스카라를 위, 아래로 발라준다.

치크 메이크업

성숙하고 강한 느낌으로 와인톤의 블러셔를
발라 준다. 너무 터치를 많이 해줄 경우에 과
해보이고 불탄 고구마 같을 수도 있으니 터치
조절이 아주 중요하다. 광대뼈에서 사선으로
쓸어주면 된다.

립 메이크업

연말하면 레드, 버건디컬러의 립 컬러를 빼놓
을 수 없다. 하지만 진한 립 컬러일수록 바르기
가 어렵고 잘못 바르면 어색한 티가 팍팍 난다.
먼저 립 브러시에 발라 입술 안을 꼼꼼히 채우
고 라인을 깔끔히 매만져준다. 이때 두텁게 한
꺼번에 색을 내려고 하지 말고 옅게 베이스를
깔아준다 생각하고 바른다. 티슈오프한 후에
한 번 더 덧발라주면 색이 잘 밀착되고 선명하
게 연출할 수 있다. 진한 립 컬러를 바른 후에
치아에 묻지 않게 각별히 주의를 해야 한다.

완성 메이크업

실버와 버건디 컬러의 매치로 시크하면서도 강렬한 연말 파티 메이크업이 되었다. 자칫 무서워 보일 수도 있지만 블랙 미니 드레스와 함께하면 초강추. 파티 이외의 일상생활에서는 버건디보다는 누디한 베이지나 핑크톤의 립컬러와 매치 시켜주면 무난하게 그레이 컬러 메이크업을 소화할 수 있을 것이다.

의상 착용 후 파티를 위한 준비! 깔끔하게 올림머리를 하거나 긴 웨이브를 풀어헤쳐도 좋고 블랙 스모키보다 과하지 않고 화이트 퓨어 메이크업보다 더 세련되게 이미지연출이 가능하다. 블랙, 그레이 컬러의 드레스, 코트에 무난히 어울릴 수 있으니 겨울에 꼭 한번 도전해 볼만 하다.

페이스 차트

메이크업에 사용된 제품들

1. 베이스: 디올 누드 스킨 플루이드 파운데이션 001호 **2.** 아이섀도우: 바비브라운 메탈릭 롱웨어 크림 섀도우 블랙펄, 부르주아수이베 몽 르가르 28호 **3.** 아이라이너: 클리오 워터프루프 아이펜슬 블랙, 로트리 브러시 펜 아이라이너, 디올 인텐스 리퀴드 아이라이너 034호 **4.** 마스카라: 키스미 히로인 롱앤컬 마스카라 **5.** 블러셔: 바비브라운 모브 웨이스 팔레트 내장 블러쉬 **6.** 립: 바비브라운 립컬러 Port

8. 겨울 블링블링 화이트 메이크업

특별한 날 메이크업을 하려고 하면 괜히 붕 떠서 오버했다가 평소보다 더 못난 화장이 되기 일쑤고 고민만 하다가 치장시간이 배로 들기도 한다. 그럴 때는 화이트 크리스마스를 연상시키는 화이트한 느낌의 메이크업이 어떨까 싶다. 하얗게 떡칠하는 가부끼 화장을 하라는 것이 아니다.

화이트한 느낌의 화사함과 블링블링한 펄감을 이용한, 색감보다는 텍스처에 중점을 둔 색조 메이크업을 말하는 것이다. 파티나 모임 때 임팩트 있어 보이기 위해 강한 메이크업을 했다면 크리스마스 데이트를 위해서는 옅고 화사하고 블링블링한 느낌으로 사랑스럽게 연출해보자. 눈부신 하얀 눈이 내려앉은 것처럼 그 느낌을 잘 살려보자.

베이스 메이크업

화사하고 보송보송해 보이는 피부가 관건이
다. 노란 피부 톤보다는 핑크 톤의 화사한 피
부 톤을 유지해야 하고 글로시한 텍스처로 마
무리하기보다는 보송보송한 듯 마무리 하는
것이 좋다. 파운데이션을 바른 뒤에 파우더를
덧발라주는데 퍼프를 사용하기 보다는 파우더
브러시를 이용해서 가볍게 덮어준다. 겨울은
건조한 계절이기 때문에 파우더 사용량이 많
아지면 얼굴이 건조해질 수 있기 때문이다.

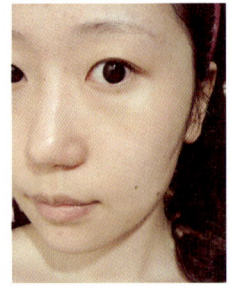

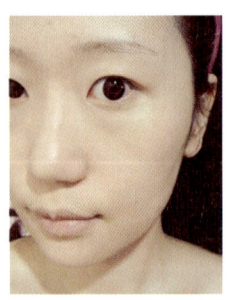

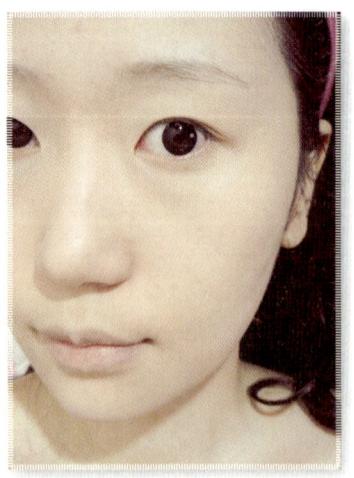

아이 메이크업

아이 컬러는 아주 화이트가 아닌 보라기가 살짝 있는 화이트 컬러를 골라 동양인의 피부 톤에 화사함을 더해줬다.

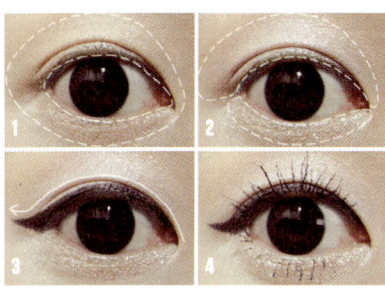

1. 먼저 베이스 컬러로 여린 핑크색 크림 섀도우를 눈두덩이와 언더라인에 발라준다. **2.** 눈두덩이에 메인 컬러인 라일락 컬러의 섀도우를 발라주고 언더라인에 글리터리한 펄 피그먼트를 발라 반짝이게 한다. **3.** 바이올렛 컬러의 젤 아이라이너로 언더라인은 생략하고 윗라인만 그린다. 평소보다 눈꼬리를 더 길게 내빼어 눈매를 돋보이게 한다. **4.** 속눈썹을 뷰러로 찝고 마스카라를 위, 아래로 발라준다.

완성된 아이 메이크업

색감이 많이 두드러지지 않고 글로시하고 글리터리한 텍스처가 많이 느껴지게 마무리되었다. 그러면서도 은은하게 퍼플, 라일락 컬러를 표현해서 여성스러운 분위기를 놓치지 않았다. 여린 핑크 톤으로도 대체할 수 있다.

치크 메이크업

블러셔 컬러는 핑크로 골랐다. 스마일을 한 다음 볼의 가장 돌출된 부분에 볼터치를 발라준다. 컬러가 있는 치크를 바르고 나면 그 주위 부분이 오히려 더 칙칙해 보이므로 보라색 치크를 사용해서 그 주변을 칙칙해 보이지 않게 밝혀준다. 이런 라일락 컬러 치크도 부분적으로 얼굴의 그늘진 부분을 커버해주고 발색이 은은하게 되는 편이므로 많이 티나지 않으면서 효과는 만족스럽다. 이후에 바르는 하이라이터는 조명이 좋은 파티장에서 더욱 돋보이게 해줄 것이다. 투명하고 화사한 발색의 하이라이터가 빛을 발하고 핑크톤의 메이크업엔 무난하게 어울릴 수 있다. 광대뼈, T존, 눈썹뼈, 턱에 가볍게 하이라이터를 쓸어준다.

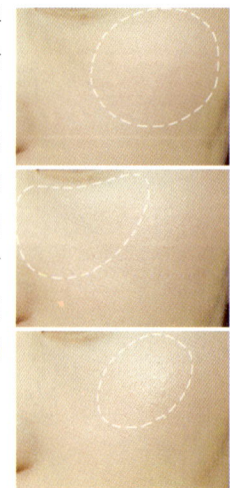

립 메이크업

립 메이크업은 립스틱보다는 틴트와 립글로스를 사용했다. 블링블링의 진수를 보여드리리라 아주 다짐을 했다! 핑크 틴트로 입술을 그러데이션 한 다음 오팔펄이 가득한 립글로스를 덧발라주었다. 입술이 훨씬 글래머러스하고 화려해 보일 수 있다.

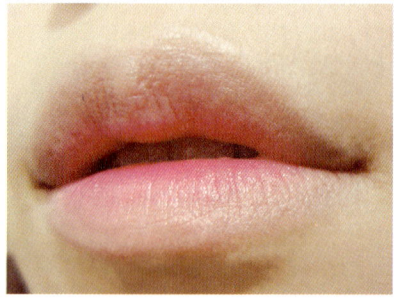

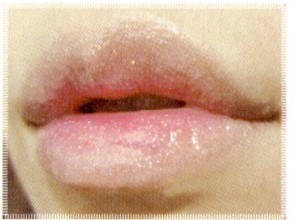

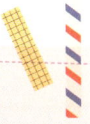

완성 메이크업

러블리 해 보이는 것이 목적이고 펄감이 군데 군데 많이 쓰였지만 과해 보이지 않고 조명을 받기에 따라서 반짝임이 두드러져 크리스마스 파티때 효과를 톡톡히 볼 수 있다.

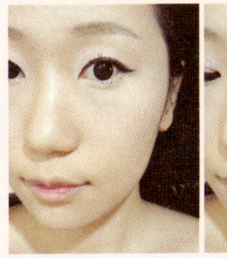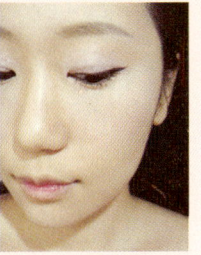

의상 착용 후 이 메이크업 포인트는 블링블링 한 펄감, 사랑스럽고 여성스러운 색감, 화사하고 밝은 피부표현이 중요하다. 핑크톤의 의상 이나 화이트 컬러의 알파카 코트와도 잘 어울 릴 것이다.

페이스 차트

메이크업에 사용된 제품들

1. 파운데이션: 메이크업포에버 HD파운데이션 **2.** 파우더: 로트리 로사다브레카 트리플 케익 21호 **3.** 하이라이터: 로트리 쉬머 블링 페이스 디자이닝 01호 내추럴 쉬머 **4.** 치크: 로트리 핑크무드 블러셔 , 로트리 미네랄 환타지 치크 퍼플 에디션 **5.** 마스카라: 키스미 히로인 롱앤컬 마스카라 **6.** 아이라이너: 토니모리 파티러버 젤 아이라이너 펄 바이올렛 **7.** 아이섀도우: 이 브로쉐 벨벳 크림 섀도우 핑크 , 질스튜어트 젤리 아 이컬러N 07호, 메이크업포에버 다이아몬드 파우더 1 호 **8.** 립: 로트리 프레시 핑크 틴트 , 디올 스파클링 샤인 글리터 탑코트

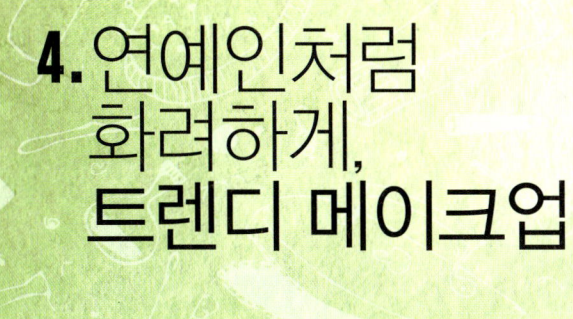

4. 연예인처럼 화려하게, 트렌디 메이크업

1. 앙큼하게 아이라인을 올리자!
캣츠 아이 메이크업

백스테이지 모델들의 메이크업에서 특히나 돋보이는 것은 바로 아이라인. 그중에서도 고양이 눈매를 닮은 캣츠 아이 메이크업이 하나의 메이크업 트렌드로 사랑 받고 있다. 모델뿐만 아니라 여자 가수들의 무대에서 노래 분위기를 극대화 시킬 수 있는 메이크업으로 아이라인에 변화를 주는 경우가 많다.

앙큼하게 올린 눈꼬리는 도도하면서도 매섭게 보여 앙칼지고 섹시한 느낌의 눈매로 연출된다. 딱히 아이섀도우를 뭘 발라야 될지 고민이라면 날렵하게 올린 정교한 아이라인 하나만으로도 있어 보이는 아이 메이크업을 할 수 있다. 눈매가 유난히 치켜 올라간 경우는 오히려 더 사납게 보일 수 있으니 삼가고 적당한 눈매이거나 눈이 너무 처져 우울해 보이는 눈매라면 눈꼬리를 올려 눈매 분위기를 바꾸는 것도 좋다. 작은 눈꼬리 부분이지만 당신의 인상을 180도 달라 보이게 만들 것이다.

    스모키 메이크업만큼이나 남자들이 선호하는 메이크업은 아니지만 어깨뽕이 빵빵하게 들어가 어깨가 하늘로 치솟은 파워숄더 자켓을 입은 듯 바짝 올라간 눈꼬리는 "건들면 가만 안 둔다! 나 까칠한 여자야"라고 보여주기에 충분하다. 강해 보이고 싶을 때 효과만점이다. 좋은 첫인상을 남겨야 하는 자리보다는 친한 지인들, 나의 까칠함을 다 받아 줄 수 있을 것 같은 사람들과 만날 때 연출하는 것이 좋다.

아이브로우

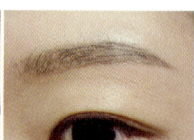

날렵하고 앙칼진 느낌의 눈매에 두텁고 어리고 순해 보이는 눈썹은 어울리지 않는다. 그렇다고 너무 치켜 뜬 것 같은 눈썹도 사양이다. 적당한 아치형으로 각도를 살려주고 눈썹의 두께를 너무 두껍게 채우지 않는다. 얇고 날렵한 느낌으로 눈썹을 채워 캣츠 아이와 매치시키도록 한다.

아이 메이크업

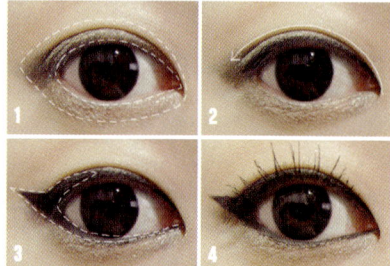

1. 눈두덩이와 언더라인에 차콜 컬러의 펄감이 있는 아이섀도우를 발라준다. **2.** 블랙 펜슬 아이라이너로 점막을 꼼꼼히 채운다. **3.** 펜슬 라이너로 그린 후에 그 위에 젤 아이라이너로 날렵한 아이라인을 덧그린다. 눈꼬리 부분의 각도를 위로 내빼고 언더라인과 이어지는 부분을 두텁게 메워 눈꼬리를 강조하도록 한다. 언더라인도 점막 부분을 꼼꼼하게 메우도록 한다. **4.** 속눈썹을 뷰러로 찝은 뒤에 윗 속눈썹에만 마스카라를 한다.

치크 & 립 메이크업

완성된 아이 메이크업

컬러보다는 라인이 더 돋보이는 메이크업이어
야 하기 때문에 눈매는 원 톤으로 마무리했다.
날렵하고 날카로운 눈꼬리가 중요하기 때문에
삐뚤삐뚤하지 않고 깔끔하게 아이라인을 그리
는 것이 가장 중요하다. 또 윗라인과 언더라인
이 잘 이어져야 어색함이 없다.

아이라인이 돋보이는 메이크업이므로 치크 컬
러는 강하지 않게 브론즈 컬러의 블러셔를 광
대뼈 바로 아랫부분에 사선으로 발라주고 골
드 컬러의 하이라이터를 덧발라 광택감을 준
다. 색감보다는 쉬머한 텍스처를 부여함으로
써 건강미를 느끼게 해줄 수 있다.

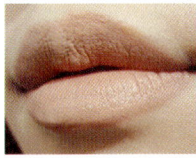 너무 페일한 컬러를
고르지 않고 피부톤
보다 색감이 더 드러
나되 튀지 않는 베이

지컬러를 쏠라 누디한 립으로 연출한다.

전체 메이크업

나도 그다지 못돼 보이는 이미지는 아닌데 아
이라인만 바꿔줘도 한 성깔하게 보인다. 굳이
못돼 보이면서까지 캣츠아이 메이크업을 할
필요가 있느냐 하겠지만 아찔한 하이힐을 신
듯 날렵하게 올라간 눈꼬리로 무장한 듯한 기
분이 들 수 있다. 한마디로 자기만족.

완성 메이크업

블랙수트나 정장과 어울릴 수 있고 파티 메이
크업으로 응용해도 좋다. 블랙 컬러의 액세서
리와도 매치가 잘 된다.

캣츠 아이 라인은 위의 방식 이외에도 다양한
방법으로 눈꼬리를 올려 캣츠 아이로 연출해
도 좋다.

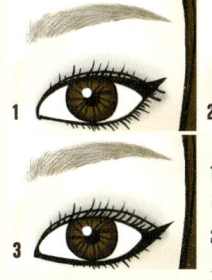

1. 언더라인을 생략하고 윗
라인만 강조하는 스타일
2. 언더라인을 강조해서
꼬리를 날렵하게 올리는
스타일 3. 눈 앞머리와 눈꼬리 모두 길게 내빼서 강조하
는 스타일

페이스 차트

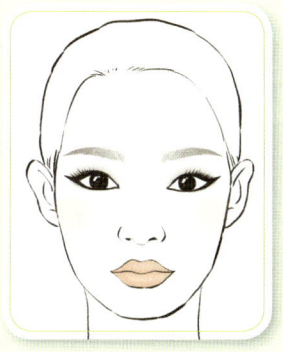

메이크업에 사용된 제품들

1. 파운데이션: 조르지오 아르마니 루미너스 실크 파
운데이션 2. 아이섀도우: 바비브라운 골드 스톤 롱웨
어 아이팔레트 (미네랄 더스트) 3. 아이브로우: 슈에
무라 하드포뮬러 스톤그레이 4. 아이라이너: 바비브
라운 골드 스톤 롱웨어 아이팔레트(캐비어 잉크) 5. 볼
러셔: 맥 스타일워리어 컬렉션 뷰티 파우더 블러쉬 에
버썬 6. 하이라이터: 맥 미네랄라이즈 스킨 피니쉬 라
이트 비듐 내추럴 앤 쉬머 7. 립: 맥 립스틱 피치스톡

2. 연예인 단골 스타일, 블랙 스모키 메이크업

메이크업에 빠져들고 어느 정도 내공이 쌓이면 스모키 메이크업에 대한 도전정신이 생긴다. 스모키 메이크업은 눈에 굉장한 공을 들여야 하는 메이크업으로 가장 화장한 티 팍팍 나는 느낌을 줄 수 있다. 갑옷을 두른 듯 자신을 무장한 것 같고 또 한편으로는 슈퍼맨이나 배트맨처럼 가면을 써서 다른 사람이 된 것 같은 기분이 들게 한다. 그래서 그런지 왠지 모르게 자신감이 충만해지고 스스로 더 도도해지고 엣지 있는 파워풀한 여자가 되는 것 같다. 남자들은 특히나 이런 스모키 메이크업에 질색하지만 여자들은 열광한다.

어쨌든 너무 강하고 도드라지는 딥 스모키보다는 무심하게 번진 듯한 느낌의 소프트한 세미 스모키 메이크업이 남녀노소에게 덜 부담스러워 보일 것이다. 여기에 여성스러운 립 컬러를 선택한다면 강해 보이던 기도 좀 더 누그러뜨려 보일 수 있을 것이다. 아이 메이크업의 최고봉인 스모키 메이크업을 정복하면 다른 아이 메이크업은 식은 죽 먹기일 것 같다. 하지만 조금만 과하게 하면 고스란히 다크서클 같아 보일 수 있으므로 주의해야 한다.

시즌마다 꼭 한 번씩 빠지지 않고 등장하는 스모키 메이크업은 여자들의 머스트 해브 메이크업 스타일이기 때문에 포기하기에는 너무 아깝다. 한번에 스모키 메이크업을 완성하려고 하지 말고 옅게 시작해서 점점 차근차근 짙고 그윽해지도록 농도를 늘이면서 테크닉을 익혀나가도록 하자.

베이스 메이크업

스모키 메이크업을 할 때 간과하기 쉬운 한가지, 바로 피부표현. 한국인의 노란 피부 톤은 블랙 스모키 아이에는 잘 맞지 않는다. 오히려

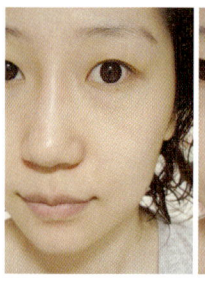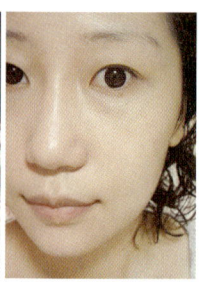

브라운 스모키라면 모를까? 그래서 베이스 메이크업을 할 때 노란 피부 톤을 커버해 줄 수 있는 핑크 베이스의 파운데이션 제품을 골라야 한다. 핑크 베이스는 누런 톤을 커버하고 피부를 창백하게 만들어 블랙 스모키 아이와 대비를 이루게 되어 눈매가 더욱 돋보일 수 있다. 단, 파운데이션을 아주 가볍게만 펴 발라준다. 아이 메이크업을 완성한 다음에 피부는 다시 한 번 정돈을 해야 하므로 너무 두껍게 바르지 않아도 된다.

아이브로우

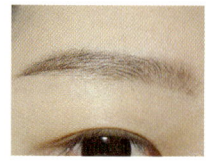

보통 눈썹 그릴 때 브라운 컬러를 사용하는데 블랙 스모키를 사용하는 만큼 흑갈색 정도로 사용해준다. 브라운 눈썹에 블랙 스모키 아이는 너무 이질감이 느껴질 것 같아서 눈썹과 아이섀도우의 색감을 맞춰주는 것이다.

아이 메이크업

패션에 있어서 블랙 컬러는 정말 대중적이고 무난하고 실패가 거의 없는 컬러이지만 아이 메이크업에 있어서는 늘 그렇지는 않다. 블랙 컬러만을 이용하는 스모키는 답답하고 눈만 도드라지는 느낌을 줄 수 있으므로 그레이나 카키, 바이올렛, 브라운 계열의 다른 컬러와 그러데이션하여 소프트한 느낌으로 연출하거나 펄감이 좋은 실버 컬러와 매치하면 덜 답답해 보인다.

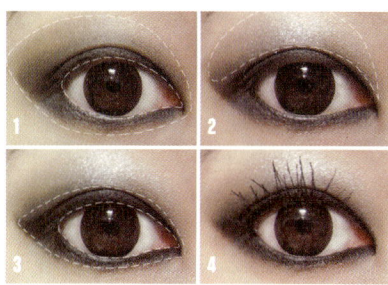

1. 블랙 컬러 아이섀도우를 눈두덩이와 언더라인에 바른다. 블랙컬러 섀도우는 브러시보다는 스펀지 팁으로 바르는 것이 좋다. 그래야 블랙의 발색력이 더 높고 까만 가루가 얼굴에 떨어지는 것을 줄여준다. 눈두덩이는 넓은 면적으로 바르되 눈꼬리 쪽을 길게 내빼어 바른다. 눈매가 가로로 길어 보여서 한국여성들의 눈매에 부담 없다. 언더라인은 좁게 라인처럼 발라주고 깨끗한 스펀지 팁으로 가장자리를 그러데이션하여 자연스럽게 번진 느낌을 주도록 한다. 2. 실버 컬러 섀도우를 발라서 그러데이션을 하는데 눈을 뜬 상태에서 보이는 눈두덩이에 발라 블렌딩을 해주면 블랙 그러데이션을 더 소프트하게 연출해 줄 수 있고 반짝임을 줄일 수 있다. 3. 블랙 아이라이너를 쌍꺼풀 라인과 언더라인에 꼼꼼히 그려주고 눈앞라인에도 꼼꼼히 그려 윗라인과 언더라인이 자연스럽게 이어진 느낌을 준다. 그런 다음 블랙 아이섀도우로 라인 위를 덧발라주면 더 그윽하게 그러데이션 된 느낌이 나고 라인이 번질 염려가 적다. 4. 마스카라를 발라주면 아이 메이크업 끝!

완성된 아이 메이크업

스모키 메이크업에서 중요한 것은 얼마나 부드럽고 그윽하게 그러데이션이 되는가, 아이라인이 얼마나 꼼꼼하게 잘 그려졌는가가 중요하다. 눈가가 전부 어둡기 때문에 점막이 조금만 비어도 흰 부분이 더 도드라져 보이기 때문이다. 그냥 블랙 컬러만 사용할 때보다 실버 펄감과 함께 했을 때가 덜 부담스럽다. 그리고 블랙 스모키 메이크업을 할 때는 그러데이션도 중요하고 양쪽 눈의 대칭도 중요하다. 다른 옅은 섀도우를 사용할 때는 티가 많이 나지 않지만 이렇게 짙은 컬러는 대칭을 이루지 못하면 금방 티가 나고 눈이 뒤틀려 보일 수 있기 때문에 양쪽 눈의 아이섀도우 모양을 잘 파악하고 비례해서 발라주도록 하자.

덧붙여, 어두운 계열의 아이섀도우를 사용하면 꼭 눈가 주변에 아이섀도우 가루들이 떨어져 애써 한 피부 메이크업을 더럽히기 마련이다. 지운답시고 손가락으로 문지르면 더 번지고 베이스 메이크업이 지워지기만 한다. 이럴 때는 브러시나 봉 타입의 리퀴드 컨실러를 소량 묻혀서 펴 발라주면 감쪽같이 지저분함을 커버할 수 있다. 꼭 컨실러가 아니더라도 리퀴드 파데 등 베이스 메이크업 제품으로 커버하면 된다. 그리고 얼굴 곳곳에 떨어져 있는 거뭇거뭇한 가루들은 팬 브러시로 가볍게 털어내고 거뭇하게 번진 부분은 역시 파운데이션이나 컨실러로 그 위를 덮어 지워주도록 한다.

립 & 치크 메이크업

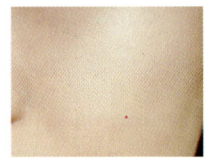

자연스러운 홍조를 연출하거나 하이라이터로 광택을 내주는 것이 좋다. 광택은 화려하지만 색감은 강하지 않아서 스모키 메이크업에 잘 어울릴 수 있다. 파우더를 덧발라 피부가 너무 번들거리는 느낌이 없도록 마무리하고 하이라이터와 쉐이딩을 더해 볼륨감 있는 페이스 라인을 연출한다. 하이라이터는 너무 펄감이 강한 제품보다는 은은해야 하며, 피부톤은 펄감이 없고 깨끗하게 표현해야 눈이 더욱 돋보일 수 있다.

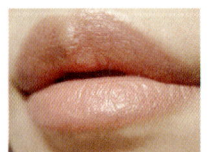

스모키 메이크업에는 누디한 립 컬러가 찰떡 궁합이다. 하지만 자칫 너무 페일한 컬러를 바르면 병자처럼 보일 수 있으니 그 선을 넘지 않는 정도의 누디한 컬러를 고르는 것이 중요하다. 베이지나 핑크 톤의 누디한 색감으로 입술에 시선이 쏠리지 않도록 한다.

완성된 메이크업

스모키 메이크업의 장점은 눈이 커 보인다는 것. 위, 아래로 정확하게 따준 아이라인 덕분이다.

의상 착용 후 여기에 화려하고 큰 액세서리와 블랙 드레스 코디를 하면 파티룩으로 연출할 수도 있고 블랙 정장과 매치하면 좀 더 격식 있는 자리에서도 빛을 발할 수 있다.

페이스 차트

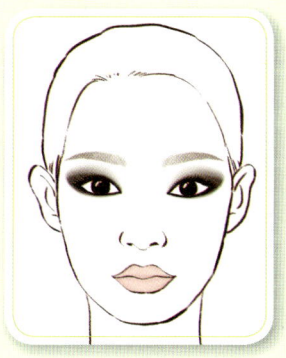

메이크업에 사용된 제품들

1. 베이스: 디올 스킨누드 플루이드 파운데이션 010호 **2.** 파우더: 디올 스킨누드 팩트 **3.** 아이브로우: 페리페라 필소굿 아이브로우 **4.** 아이라이너: 페리페라 워터 프루프 원더 라이너 블랙 **5.** 아이섀도우: 디올 2 꿀뢰르 꾸뛰르 에디션 085 실버 스크린 **6.** 마스카라: 키스미 히로인 볼륨앤컬 마스카라 **7.** 립: 샤넬 루즈 알뤼르 42호

3. 다크초콜릿처럼 진한
초콜릿 스모키 메이크업

　　스모키 메이크업의 기본은 블랙이지만 꼭 블랙으로만 스모키 메이크업 하란 법 있나? 다양한 컬러들을 가지고 스모키 메이크업이 가능하다. 브라운, 네이비, 카키색의 다크한 톤이라면 블랙 스모키 못지 않게 멋스럽게 연출할 수 있다. 브라운 컬러는 가을느낌도 들지만 4계절 내내 무난하게 사랑받는 컬러이고 어떤 피부톤에도 매치하기 쉬운 컬러라서 스모키 메이크업으로 사용해도 부담이 덜 된다.

　　스모키 메이크업이란 것이 적당하면 엣지 있지만 과하면 퀭해 보이고 멍들어 보이기 딱 좋으므로 한번에 너무 욕심내지는 말자. 스모키 메이크업을 하기 전에 자신의 눈 구조가 어떤지를 파악하는 것이 중요하고 한국여성들의 대부분이 가로길이를 강조해서 스모키 메이크업을

아이브로우

눈썹도 아이메이크업에 맞춰서 최대
한 딥한 초콜릿 컬러를 선택한다. 그
리고 너무 둔탁한 두께의 눈썹보다
는 적당한 두께로 그리며 1자형의 눈
썹이 아닌 살짝 아치형으로 그려주면
깊이감 있는 아이 메이크업이 답답해
보일 염려가 없다.

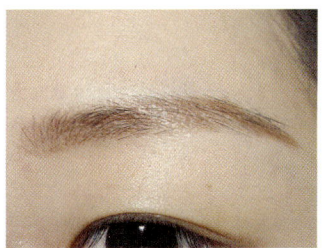

한다면 그리 실패할 확률은 없다
고 본다. 가로로 길게 발라주면 동
그란 느낌이 완화되고 눈의 가로
길이가 길어져 적당히 커 보이는
눈매로 변신할 수 있다.

브라운 스모키 메이크업을 할
때는 브라운 컬러를 아주 딥하고
나크한 초콜릿길러를 고르면 그윽
하게 보일 수 있다. 블랙보다는 덜
부담스럽지만 카리스마만큼은 뒤
지지 않는 초콜릿 스모키 메이크
업을 시도해보자.

아이 메이크업

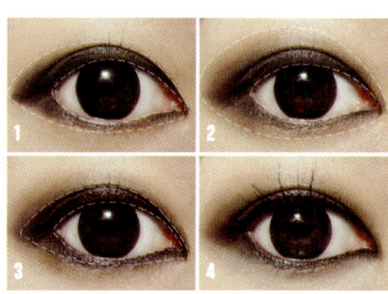

1. 블랙 챠콜 컬러를 눈두덩이와 언더라인에 바른다. 눈두덩이에는 너무 넓지 않은 면적으로 눈을 떴을 때 살짝 보이는 정도로만 발라주고 언더에는 라인처럼 얇게 바른다. **2.** 블랙 코코아 컬러를 눈두덩이와 언더라인에 덮어주듯이 발라주고 경계가 지는 부분은 깨끗한 브러시로 블렌딩해서 경계를 부드럽게 그러데이션한다. **3.** 블랙 초콜릿 펜슬 아이라이너로 라인을 꼼꼼하게 채워서 그려 빈틈이 보이지 않게 그린다. **4.** 마스카라를 발라주고 언더라인이 많이 번져서 지저분하지 않게 밝은 아이섀도우를 발라 번짐을 방지한다.

립 & 치크 메이크업

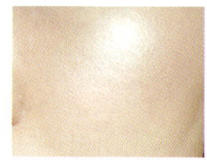

치크는 은은한 광택이 있으면서 옅은 핑크가 느껴지는 하이라이터를 발라 피부의 텍스처만 강조했다. 눈에 좀 더 집중도를 높일 수 있다. 그 외에도 옅은 코랄이나 핑크 블러셔를 발라도 브라운 섀도우 컬러와 잘 어우러질 수 있다. 가을 느낌을 물씬 주고 싶다고해서 브론즈 브라운이나 와인컬러의 블러셔를 발라 강조하다가는 전체적으로 너무 강해 보일 수 있으니 주의하다.

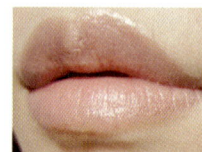

립컬러도 치크컬러와 비슷한 느낌으로 통일시킨다. 너무 글로시하지도 너무 매트하지도 않은 적당히 촉촉한 텍스처의 옅은 핑크 컬러를 바른다. 너무 누디한 컬러는 아파 보일 수 있다. 베이지 컬러도 무난하나 나이 들어 보일 수 있으니 베이지의 채도나 색감을 잘 보고 결정하자.

완성 메이크업

그러데이션이 포근한 느낌이 들어 블랙 못지 않은 포스를 자랑한다. 립이나 치크도 너무 누 디하지 않고 핑크의 느낌이 화사함을 더해줘 칙칙해 보이지도 않는다.

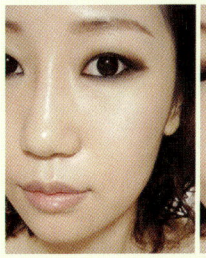 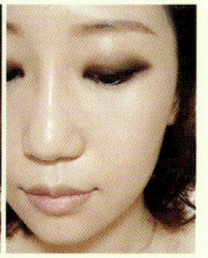

의상 착용 후 와인 컬러 의상이나 브라운의 의상과도 매치하기 좋은 메이크업이다. 분위 기 있는 가을의상과 함께 쌉싸름한 다크초콜 릿 같은 딥 브라운 스모키 메이크업 도전해보 길 바란다.

페이스 차트

메이크업에 사용된 제품들

1. 베이스: 코겐도 모이스춰 파운데이션 **2.** 아이브로 우: 페리페라 필소굿 아이브로우 2호 **3.** 아이섀도우: 바비브라운 아이섀도우 블랙 챠콜, 바비브라운 메탈 릭 아이섀도우 블랙 코코라 **4.** 아이라이너: 바비브라 운 콜 아이라이너 블랙초콜릿 **5.** 마스카라: 데자뷰 피 버윅 마스카라 **6.** 치크: 바비브라운 쉬머브릭 핑크 오 이스터 **7.** 립: 조르지오 아르마니 실크 하이컬러 크림 립스틱 98호

4. 남자의 보호본능을 자극하는 눈물 메이크업

눈물 메이크업은 눈물이 그렁그렁 맺힌 듯한 눈매를 연출하는 아이 메이크업 스타일이다. 코스모스처럼 여리여리한 청초하고 청순 가련형의 이미지를 연출할 때 제격이다. 눈물 메이크업은 투명 메이크업과 더불어 남자들의 선호도가 높다.

눈물 메이크업은 동안 메이크업의 연장으로 펄감이 두드러져서 화려한 느낌을 줄 수 있고 캣츠 아이 메이크업과는 반대로 착해 보이고 순수한 이미지로 보이게 해준다. 대단한 테크닉을 요하는 것도 아니고 제품이 많이 필요한 것도 아니어서 메이크업 초보자들도 쉽게 따라할 수 있다. 애교살에 눈물 효과 한방이면 남자들의 보호본능을 자극할 수 있을 것이다.

눈물효과를 줄 수 있는 제품은 여러가지 타입이 있다. 자신의 스타일에 따라 표현하고자 하는 눈물효과 스타일을 골라보자.

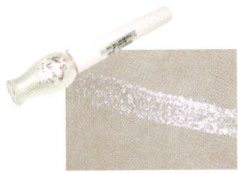

1. 리퀴드 타입 브러시가 내장되어 있어 사용이 간편하고 촉촉한 라인을 연출해줄 수 있다.

2. 펜슬 타입 가장 쉽게 눈물효과를 줄 수 있는 타입. 지속력이 떨어져 수시로 수정화장을 필요로 한다.

3. 가루타입 펜슬이나 리퀴드. 크림 타입 위에 덧발라주면 눈물효과를 극대화 시킬 수 있다. 날림현상이 있어 얼굴에 나뒹굴 수도 있고 눈 안에 들어가서 자극이 될 수도 있다.

4. 크림 타입 촉촉한 눈물효과를 연출해주기에 좋다.

아이 메이크업

색감을 강조하기 보다는 또렷한 눈매와 블링블링 빛나는 언더라인이 중요하다. 여기에 아찔하게 올라간 인형 속눈썹도 눈물 메이크업 이미지에 큰 도움이 된다.

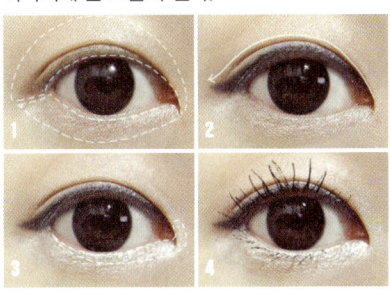

1. 옅은 핑크톤의 아이섀도우를 눈두덩이와 언더라인에 발라 칙칙한 눈매를 보정해준다. **2.** 블랙이나 짙은 퍼플 컬러 등 어두운 계열의 아이라이너로 윗라인을 그려준다. **3.** 화이트 펜슬로 언더라인의 앞머리쪽에서 끝쪽으로 자연스럽게 채워주고 눈물효과를 극대화 시키기 위해 다이아몬드 펄감의 피그먼트를 덧발라준다. **4.** 뷰러로 속눈썹을 찝은 뒤에 마스카라를 위, 아래로 발라준다.

치크 & 립 메이크업

완성된 아이 메이크업

눈 앞머리쪽이 밝고 화사해지면서 앞트임 효과가 있으며 눈이 커 보이는 효과가 있다. 애교살이 강조되면서 어려보이는 인상도 줄 수 있다. 화이트펄감이 아니더라도 핑크나 골드 펄감으로 색다른 눈물효과를 줘도 된다.

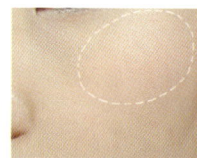

청순한 소녀 이미지를 연출하는데 핑크만큼 좋은 컬러는 없을 것이다. 적당히 붉은기가 있는 핑크 컬러로 혈색을 주면서 수줍은 홍조로 연출한다.

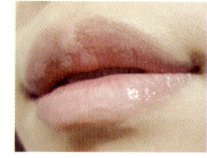

여린 핑크 컬러의 립글로스를 발라 매끈하고 탱탱하게 보이게 한다.

242.243

완성 메이크업

전체적으로 색감이 두드러지지 않고 내추럴한 음영만 느껴지며 언더라인의 화이트한 느낌이 부각이 된다. 펄감이 너무 과해지면 오히려 지저분해질 수 있으니 언더라인의 화이트 부분을 너무 두텁지 않고 얇게 표현하도록 한다.

의상 착용 후 데이트 메이크업으로 추천하며 원피스나 스커트와 매치해도 잘 어울릴 것이다. 펄감의 화려함과 화이트의 퓨어함. 절제된 컬러가 돋보인다. 아이라인을 두껍게 그리거나 길게 내빼지 않아도 눈 앞머리쪽이 밝게 살아나 눈이 커보이는 효과를 톡톡히 볼 수 있다.

페이스 차트

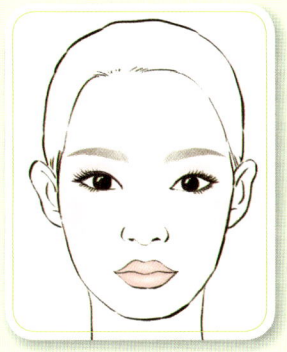

메이크업에 사용된 제품들

1. 파운데이션: 바비브라운 스킨 파운데이션 **2.** 아이섀도우: 디올 5 꿀뢰르 이리디슨트 809호, 메이크업 포에버 다이아몬드 파우더 1호 **3.** 아이라이너: 에뛰드 하우스 프루프10 방수펜슬 5호 방수 퍼플, 바비팻 이지드로잉 크래용 워터프루프 아이섀도우 **4.** 마스카라: 크리니크 래쉬 파워 마스카라 **5.** 블러셔: 로트리 핑크 무드 블러셔 **6.** 립: 바비브라운 브라이트닝 립글로스 팝시클

5. 나만의 개성이 돋보이는
보색 아이 메이크업

　　메이크업을 할 때 테크닉을 떠나서 컬러를 얼마나 잘 매치하느냐에 따라서 밸런스가 잘 맞기도 하고 안 맞기도 한다. 우리가 초등학생 시절부터 배웠던 명도대비, 채도대비, 색상대비, 보색 대비. 그때 익혔던 것들을 메이크업에 유용하게 써먹을 때가 왔다니 역시 공부는 하고 볼 일이다. 보색은 색상환에 있는 컬러들 중 상대편에 있는 주위의 컬러들을 일컫는 말이다.

　　예를 들어 빨강의 보색으로 바다색, 청록, 초록이 되는 것이다. 보색은 잘 쓰면 개성있고 주목성이 높아지고 컬러감각이 있어 보이지만 잘못 사용하면 촌스러움 그 자체가 될 수도 있다. 짙은 초록 아이섀도우와 빨간 립스틱은 드라마에서 시골에서 막 상경한 아줌마 혹은 아가씨들의 단골 메이크업이다. 그걸 보면 난 저렇게는 화장하지 말아야지 다시 한 번 다짐하는 계기가 된다.

　이런 실수를 범하지 말고 보색을 메이크업에 잘 이용하려면 아이와 립을 분산해서 보색을 사용하는 것은 너무 위험하고 아이 메이크업 내에서 보색을 이루는 것이 가장 안전한 방법이다. 보색으로 고른 두 컬러를 사용할 때는 둘 중 어느 컬러를 더 비중을 두고 사용할지 결정하고 둘 중 하나는 메인으로 나머지 하나는 포인트 컬러로 사용하여 면적을 달리해서 발라주면 실패확률이 적다.

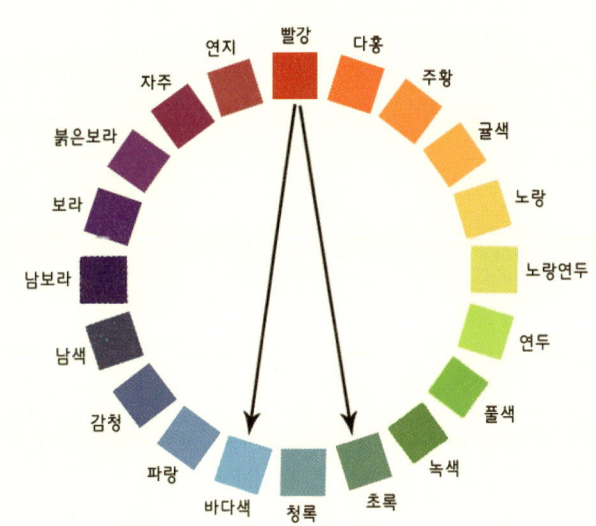

아이 메이크업

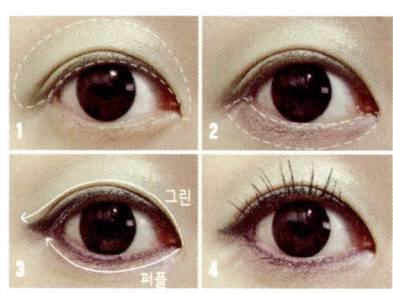

1. 그린 컬러의 아이섀도우를 눈두덩이에 발라준다. **2.** 퍼플 컬러의 아이섀도우를 언더라인에 얇게 발라준다. **3.** 윗부분에는 짙은 그린의 라인을 언더라인에는 퍼플 컬러의 라인을 그려 아이섀도우 색상보다 좀 더 또렷한 느낌으로 그려준다. **4.** 속눈썹을 뷰러로 찝은 뒤에 마스카라를 위, 아래로 발라준다.

완성된 아이 메이크업

메인 컬러를 그린으로, 포인트 컬러를 퍼플로 골라봤다. 보색 자체가 만난 것만으로도 튀기 때문에 비비드한 느낌보다는 약간 저채도의 컬러를 사용하여 동동 뜨지 않게 표현했고 아이라이너는 아이섀도우와 동일 컬러를 사용하여 보색의 느낌이 더 뚜렷하게 해주었다.

치크 & 립 메이크업

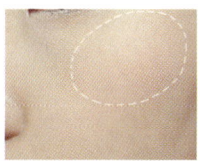

피부톤에 자연스럽게 스며들 수 있는 코랄핑크빛의 블러셔를 사용하여 얼굴에 생기를 불어넣어 주었다. 그린이 메인 컬러로 사용되었기 때문에 따뜻한 느낌의 블러셔를 사용하는 것이 덜 어색하다.

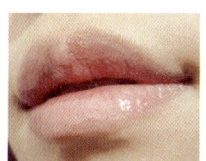

스모키 메이크업처럼 눈이 강조되었고 더군다나 컬러가 돋보이는 아이 메이크업이기 때문에 입술에서는 색감을 많이 생략한 느낌의 누디한 립 컬러를 발라주면 좋다.

응용 보색 아이 메이크업

저채도의 보색 대비, 메인컬러와 포인트 컬러로 면적 비율을 나누고 아이를 제외한 다른 색조 메이크업은 색감을 낮추는 것이 포인트!

옐로우 & 네이비 옐로우 아이섀도우에 네이비 컬러의 아이라인을 매치

와인 & 딥 그린 와인을 메인 컬러, 딥 그린을 포인트 컬러로 사용.

골드 & 네이비 네이비를 메인 컬러, 골드를 포인트 컬러로 사용.

완성 메이크업

보색이지만 저채도라서 부담스러울 정도로 튀지 않는다. 이 보색을 잘 이용하면 남들이 하지 않는 나만의 개성있는 아이 메이크업을 할 수 있다.

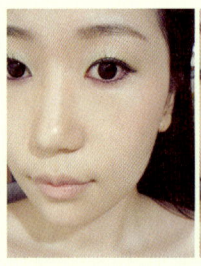 

의상 착용 후 보색 메이크업은 단색의 옷에 매치해주면 좋고 보색 메인 컬러의 옷과 매치해도 좋다. 또 보색을 응용해서 바캉스 같은 때에 해주면 메이크업 자체가 액세서리와 같은 효과를 줄 수 있다.

페이스 차트

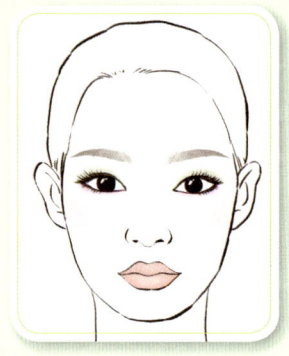

메이크업에 사용된 제품들

1. 파운데이션: RMK 리퀴드 파운데이션 **2.** 아이섀도우: 디올 5 꿀뢰르 이리디슨트 409호, 맥 피그먼트 써카플럼 **3.** 아이라이너: 네이처 리퍼블릭 웰루킹 젤 아이라이너 그린, 메이크업포에버 아쿠아 아이즈 4L **4.** 마스카라: 시셀 스윙 컬 래쉬 마스카라 **5.** 블러셔: 조르지오 아르마니 쉬어블러쉬 2호 **6.** 립: 맥 립스틱 샤이걸

6. 비비드한
원 포인트 아이라인

　비비드한 컬러는 얼굴을 생기있게 만들고 개성 넘치게 만들어준다. 한 번의 터치만으로도 메이크업을 많이 한 것처럼 보이게 하는 일당백의 역할을 하는 비비드 컬러 라인. 블랙, 브라운의 아이라인만 어울린다고 생각하는 편견은 버려야 한다. 립스틱이나 아이섀도우 컬러만큼이나 다양하게 출시되고 있는 라이너 컬러들에 주목하라. 밋밋했던 눈매에 생기를 불어넣어줄 단 하나의 아이템이 될 것이다. 비비드 컬러 라이너의 유행은 슈에무라 페인팅 아이라이너에서 본격적으로 시작되었다.

　이후 핫한 핑크에서부터 블루, 그린, 퍼플, 메탈릭한 실버, 골드까지 컬러풀하고 날렵한 컬러 라인 하나만으로도 있어 보이는 메이크업이 된다는 걸 깨달았다. 저런 비비드한 컬러를 눈에 발라도 되는구나 하고 뒷통수를 맞은 것처럼 충격적이었다. 실제로 컬러 라인을 그려보니 영 사용 못할 색은 아닌 듯 했다. 아이섀도우 느낌 없이도 임팩트있는 눈매가 연출되었고 아이섀도우 테크닉이 영 탐탁치 않다면 라인 하나만 잘 그려도 아이 메이크업을 매력적으로 완성할 수도 있겠다.

    우선 비비드 컬러 라이너를 사용할 때는 주의할 점 이 있다. 아이섀도우의 색은 컬러 라이너와 동일한 계열 의 컬러를 사용하도록 한다. 컬러가 너무 상반되면 촌스 럽고 튈 수도 있기 때문이다. 컬러 라이너는 그려주기에 따라서 느낌이 달라지기 때문에 자신만의 방법으로 자신 의 눈매에 맞게 그려주면 효과를 극대화시킬 수 있을 것 이다. 블루 라이너로 그 느낌을 살펴보자.

아이 메이크업

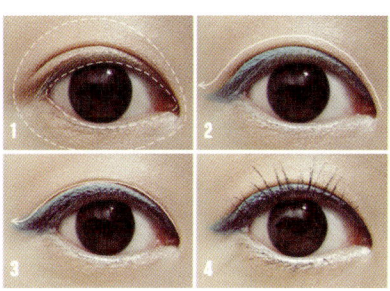

1. 샴페인 핑크 컬러의 아이섀도우를 눈두덩이와 언더라인에 베이스로 깔아준다. 2. 비비드 블루 라이너를 두껍게 그려주고 언더라인에 화이트 펜슬로 그려 시원해 보이게 한다. 3. 네이비 컬러의 라이너를 얇게 덧그려준다. 4. 속눈썹을 뷰러로 찝은 뒤에 마스카라를 위, 아래로 발라준다.

→ -

완성된 아이 메이크업

비비드한 컬러를 단독으로 사용할 경우 안 좋은 것은 블랙 라이너만큼 눈매가 깊고 또렷해 보이지 않는다는 점이다. 그래서 비비드하고 밝은 컬러를 두껍게 그려주고 같은 계열의 진한 컬러를 덧그려 투톤으로 연출하면 훨씬 더 또렷해 보일 수 있다. 역시 화려한 아이섀도우의 테크닉 없이도 돋보이는 아이 메이크업이 완성된다.

치크 메이크업

블루, 거기다가 비비드함이 더해졌으니 다른
색조 메이크업은 기를 죽여야 한다. 살짝 피치
톤이 도는 블러셔를 발라 생기를 주며 튀지 않
게 해야 한다. 눈이며 볼이며 입술이며 색이
너무 통통 튀면 정신없다.

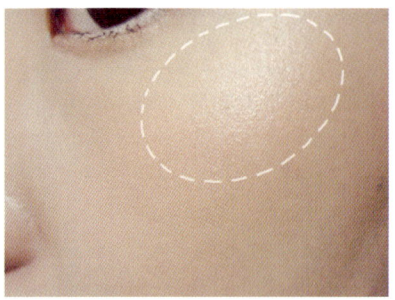

립 메이크업

누디한 베이지 컬러의 립글로스를 발라 준다.
아이섀도우 베이스, 치크, 립 컬러가 비슷한 톤
으로 통일되면서 더욱 안정된 컬러매치가 될
수 있다.

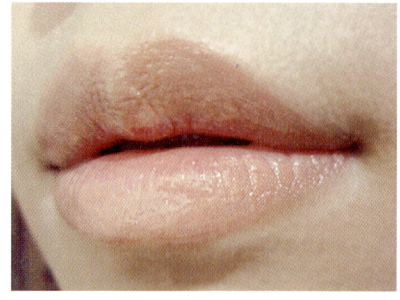

완성된 메이크업

눈두덩이 전체를 블루 아이섀도우로 물들이기 벅차다면 이런 블루 라이너로 볼드한 라인을 연출하면 더 깔끔하고 멍들어 보일 염려는 없을 것이다. 컬러 라인을 연출할 때는 치크나 립쪽의 색감을 많이 낮춰서 눈쪽에 시선이 가도록 집중공략하는 것이 좋다.

의상 착용 후 비비드 블루 라이너는 여름에 특히 시원해 보일 수 있다. 워터프루프 타입의 라이너를 사용하면 물놀이 가서도 시원해 보이는 눈매를 연출할 수 있을 것이다. 여름철에 이것저것 발라 무겁게 메이크업 하기 싫을 때 이런 비비드 컬러 라이너 하나만 있으면 가볍게 메이크업 연출이 가능하다.

페이스 차트

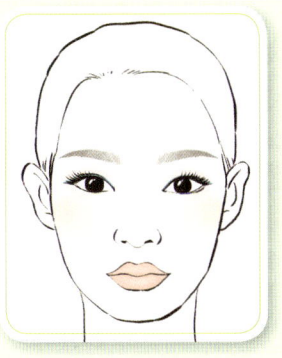

메이크업에 사용된 제품들

1. 베이스: 닥터자르트 블레미쉬 베이스 **2.** 아이섀도우: 메이크업포에버 스타 파우더 947호 **3.** 아이라이너: 네이처 리퍼블릭 메이크 미 컬러 라이너 4호 블루, 부르주아 라이너 글리터 피즈 32호, 토니모리 크리스탈 아이 데코레이션 6호 골든 옐로우 **4.** 마스카라: 키스미 히로인 볼륨 & 컬 마스카라 **5.** 블러셔: 맥 미네랄라이즈 블러쉬 임프로바이즈 **6.** 립: 미샤 더 스타일 리퀴드 리얼 루즈 BE01

7. 사랑스러운
딸기우유 립 메이크업

　　몇 년 전부터 딸기우유 립스틱이라는 애칭이 붙은 핑크 립스틱이 대두되기 시작했다. 인터넷에서 뷰티 빠꼼이들에 의해 생긴 별명으로 급속도로 퍼져나가기 시작했고 브랜드에서도 그 애칭을 즐겨 쓰게 되었던 것 같다. '딸기우유 립스틱=핑크 립스틱'이라는 공식이 생긴 것과 마찬가지였다. 브랜드에서는 앞다퉈 딸기우유 립스틱을 출시했고 딸기우유 립스틱 없는 브랜드가 없을 정도로 딸기우유 붐이 일어났다. TV에서도 솔비, 이효리, 엄정화, 송혜교, 이혜영, 서인영, 김하늘, 공효진 등 트렌드 세터들이 몽땅 딸기우유 립스틱을 약속이나 한 듯이 발라주니 더더욱 그 인기는 하늘을 치솟았다.

　　딸기우유 립스틱은 핑크에 화이트기가 많이 가미된 파스텔톤의 립스틱을 말한다. 사랑스럽고 먹음직스러운 컬러가 딸기우유 색과 닮았다 하여 붙여졌다. 그런데 안타깝게도 딸기우유 립스틱이 쉽게 매치할 수 있는 아이템이 아니다. 은근히 어렵고 까다로워 잘못발랐다간 소위 말하는 토인삘이 나거나 입술 상태가 안 좋을 때 바르면 다 뭉치고 일어나서 지저분해진다.

　우선 투명 메이크업인 상태에서 바르면 딸기우유의 힘이 발휘되지 못하고 스모키 메이크업 등 아이 메이크업이 짙고 스모크한 느낌으로 연출되었을 경우에 잘 어울리는 컬러다. 거의 맨 얼굴인 상태에서 딸기우유 립스틱을 바르고 '나한텐 안 어울려' 하며 금세 내려놓는 사람 여럿 봤다. 스모키 메이크업과 딸기우유 립스틱을 매치할 경우 강해 보이기만 하던 스모키가 좀 더 여성스러움을 부각시키고 덜 무서워 보인다는 장점이 생긴다.

　그렇다면 나에게 맞는 핑크 립스틱은 어떻게 고를까? 레드 립스틱처럼 피부 톤, 헤어 컬러, 연령대나 입술 상태에 따라 골라주는 것이 좋다. 나이가 들수록 혈색있는 핑크를 바르고 헤어 컬러가 블랙에 가까울수록 쿨 톤의 핑크를, 브라운에 가까울수록 웜 톤의 핑크를 고르면 실패 확률이 적다.

{ 쿨 톤의 피부 }

얼굴이 하얀 사람들은 뭔 컬러가 안 어울리겠냐만
은 너무 페일한 느낌의 딸기우유빛을 고르면 아파
보일 수 있으므로 화이트보다는 핑크기가 더 가미
된 파스텔 핑크를 골라야 한다.

{ 웜 톤의 피부 }

노란기가 있는 피부, 즉 동양인이 많이 해당하는 경
우인데 이럴때는 따뜻한 느낌의 코랄핑크를 발라주
는 것이 좋다.

{ 어두운 톤의 피부 }

유독 까무잡잡한 피부이거나 태닝한 피부는 섹시함
을 부각시켜주는 것이 좋다. 파스텔 기가많이 가미
된 핑크는 동동 떠 보일 수 있으므로 자제하고 비비
드한 핑크나 진달래 핑크 정도를 발라주면 촌스럽
지 않게 매치할 수 있다.

아이 메이크업

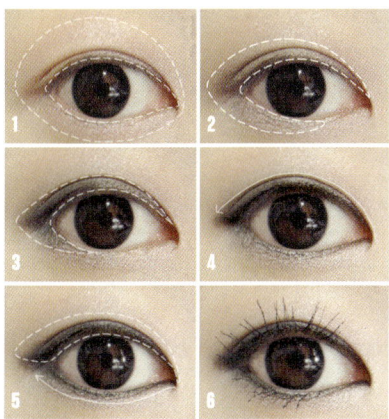

1. 핑크 컬러 아이섀도우를 눈두덩이와 언더라인에 베이스 컬러로 발라준다. **2.** 그레이 컬러 아이섀도우를 눈두덩이 반틈과 언더라인에 발라준다. **3.** 블랙 컬러 아이섀도우를 그레이 컬러 위에 덧발라 블렌딩 해줘서 음영을 준다. **4.** 부드럽게 번진듯한 느낌을 위해 펜슬 라이너로 윗라인을 꼼꼼히 매워 그려준다. **5.** 언디리인도 꼼꼼히 라인을 그려주고 라인 위에 블랙 아이섀도우를 덧발라준다. **6.** 속눈썹을 뷰러로 찝은 뒤에 마스카라를 위, 아래로 바른다.

완성된 아이 메이크업

블랙과 그레이, 핑크가 자연스럽게 블렌딩되어 한 가지 컬러로만 스모키 했을 때보다 훨씬 덜 부담이 된다.

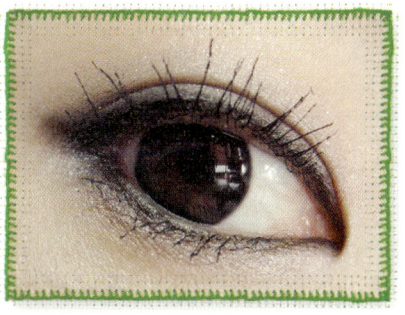

치크 메이크업

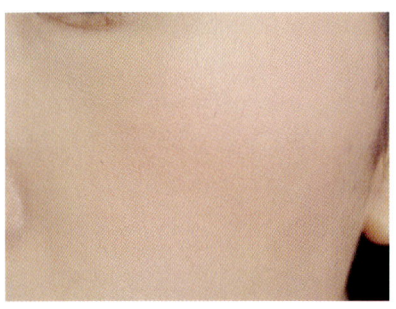

딸기우유 립스틱과 잘 매치될 사랑스러운 핑크빛 블러셔를 발라준다. 볼과 입술이 자연스럽게 이어져 전체적인 분위기가 스모키 보다는 핑크빛이 더 눈에 띄게 될 것이다.

립 메이크업

딸기우유 립스틱을 바를 때는 파스텔톤의 느낌을 잘 살리는 것이 중요하다. 입술색이 진하거나 부르튼 입술은 예쁘게 표현하기가 어렵다. 각질은 매끈하게 정리하고 입술색이 진하다면 립 컨실러나 파운데이션을 미리 입술에 발라 입술색을 다운시킨 다음에 발라야 딸기우유 본연의 색을 표현할 수가 있다.

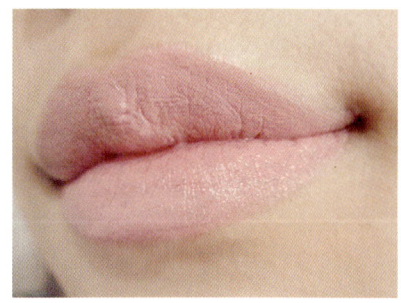

완성된 메이크업

밋밋한 화장에서는 절대 살아남을 수 없는 딸기우유빛! 스모키라는 짝꿍을 만나니 그 진가가 발휘된다. 눈과 볼에서 은은하게 느껴지는 핑크빛과 딸기우유빛이 더해지면서 페미닌한 느낌을 잘 살릴 수 있다.

의상 착용 후 여성스러운 옷을 입을 때는 꼭 투명 메이크업, 여린 메이크업을 해야 한다는 고정관념은 버리도록 하자. 스모키 메이크업도 얼마든지 여성스러울 수 있다.

페이스 차트

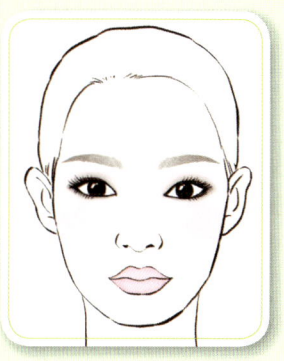

메이크업에 사용된 제품들

1. 파운데이션: 디올 스킨 누드 플루이드 파운데이션 **2.** 아이섀도우: 메이블린 다이아몬드 글로우 아이섀도우 03호 **3.** 아이라이너: 크리니크 크림 쉐이퍼 포 아이즈 이집션 **4.** 마스카라: 키스미 히로인 볼륨 앤 컬 마스카라 **5.** 블러셔: 클리오 아트 블러셔 06호 **6.** 하이라이터: 조르지오 아르마니 쉬머 파우더 **7.** 립스틱: 에뛰드하우스 VIP 걸 디어달링립스 유세이 핑크

8. 섹시하고 파워풀한
레드 립 메이크업

어릴 적 엄마 화장대에서 화장 놀이를 하며 놀 때 가장 클라이막스는 바로 새빨간 립스틱을 바를 때였다. 다른 건 몰라도 빨간 립스틱을 바를 때 '아, 내가 엄마 화장을 따라 했구나' 라는 희열을 느꼈다. 그렇게 레드 립스틱과의 첫만남은 시작되었다. 나뿐만 아니라 이런 경험은 정말 많이들 있었을 것이다. 딸기우유 립스틱은 유행일지 모르지만 레드 립스틱은 우리 엄마 시절부터 지금까지 여전히 사랑받는 클래식 컬러아이템이다. 핑크에 비해 좀 시들했을지는 모르지만 여전히 시즌마다 출시되고 있다.

어렸을 때야 호기심에 발랐지만 지금은 바르려고 꺼내보면 막상 쉽게 바르기가 어렵다. 레드 립스틱이 레드 카펫 위의 여배우들에게나 어울리는 희귀종으로 전락해버린 것이다. 블로그에서 레드 립 메이크업을 여러 번 공개할 때도 댓글의 반 이상은 "낭만소녀님께는 잘 어울리지만 저한테는 안 어울릴 것 같아요.", "저한테는 부담스러워요."였다. 안 어울리면 어울리게 만들어야지 도전하지 않고 미리 포기하는 것은 다양한 메이크업을 하기 위한 자세는 아니다.

　레드 립은 여자들에게 섹시하고 파워풀한 무기가 될 수 있다. 마돈나, 메간폭스, 스칼렛 요한슨의 레드 립은 수많은 플래쉬 세례를 받았고 섹시 뷰티 아이콘으로 자리매김 할 수 있었다. 이 사람들은 원래 예쁘니 뭐든 잘 어울리는 것 아니냐라는 푸념은 금물. 자신의 얼굴톤을 잘 파악하고 아이나 치크 메이크업을 조화롭게 매치한다면 여배우 못지 않은 레드 립 메이크업을 완성할 수 있다.

나에게 어울리는 레드 립스틱 찾기

덮어놓고 레드 립스틱이 나에게 안 어울린다, 부담스럽다 생각하지 말고 어떤 레드 컬러가 나에게 어울릴까 고민하는 것이 더 낫지 않을까 싶다. 레드도 다 같은 레드가 아니고 미묘하게 색감이 다르다. 이 미묘한 한 끝차이로 자신에게 어울리느냐, 안 어울리느냐가 결정된다. 자신의 피부 톤, 입술 두께, 입술 상태를 파악한 다음에 골라주면 어렵게만 느껴졌던 레드 컬러도 잘 어울릴 수 있다.

{ **쿨 톤의 피부** }

피부가 하얀 분들은 레드 컬러가 잘 받는 피부이다. 퓨어한 순도 100%의 레드 컬러를 발라주면 페일해보이는 피부톤에 생기를 불어넣어 주고 피부도 한층 더 깨끗하게 보인다. 아주 밝은 비비드한 레드나 한 톤 낮은 오리지날 레드를 고르도록 하자.

{ 웜 톤의 피부 }

노란기가 도는 웜 톤의 피부는 레드 컬
러를 잘 못 바르면 동동 떠 보이게 마련
이다. 핑크기가 가미된 레드 컬러를 바
르거나 톤 다운된 장미빛의 레드컬러를
골라 떠 보이지 않고 피부의 노란기를
많이 부각시키지 않도록 한다.

{ 어두운 피부 }

하얗고 밝은 피부가 레드 컬러가 잘 어
울리긴 하지만 꼭 밝고 하얀 피부만 레
드 립스딕 바르란 법은 없다. 태닝한 피
부에서도 섹시하게 연출할 수 있다. 레
드 컬러를 고를 때 오렌지 톤이 가미된
비비드한 레드라던가 와인 톤이 가미된
레드 컬러를 고르면 어둡고 칙칙한 피부
도 커버할 수가 있다.

베이스 메이크업

레드 립스틱은 깨끗한 피부 위에서 더 빛나는 법이다. 결점은 컨실러로 잘 가려주고 쿨 톤의 파운데이션을 발라 밝고 페일해 보이는 피부 표현을 해준다. 물광느낌보다는 내추럴한 세미 매트 질감으로 마무리 해주는 것이 좋다.

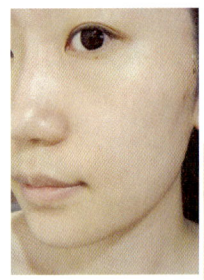

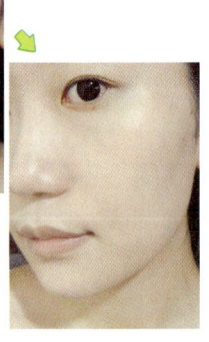

아이 메이크업

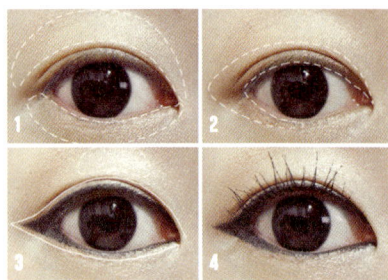

1. 베이지 컬러 아이 섀도우를 눈두덩이와 언더라인에 베이스로 발라준다. **2.** 자연스럽게 음영을 줄 수 있도록 브라운 컬러를 발라준다. **3.** 블랙 아이라이너로 또렷한 라인을 그려 선을 강조하여 눈매를 선명하게 만들어준다. 눈두덩이 중앙에 펄을 얹어 하이라이트 효과를 줘서 눈에 볼륨감을 살려준다. **4.** 속눈썹을 뷰러로 찝어 준 뒤에 마스카라를 발라준다.

립 메이크업

→ -

완성된 아이 메이크업

레드 립스틱을 매치할 때 가장 잘 어우러지는
아이 컬러는 베이지, 브론즈, 브라운 계통이다.
이러한 컬러는 피부톤에 자연스럽게 이어지는
컬러로 튀지 않으면서 음영을 줄 수 있어 입술
에 시선이 집중되도록 할 수 있다.

레드 립 메이크업을 할 때 가장 중요한 포인트
는 첫째도 깔끔, 둘째도 깔끔. 퍼펙트하게 바르
는 것이다. 연한 핑크색 립스틱은 아무렇게나
대충 발라도 비뚤한 것이 많이 티나지 않지만
레드 립스틱은 작은 번짐 하나도 더 눈에 잘
띈다.

치크 메이크업

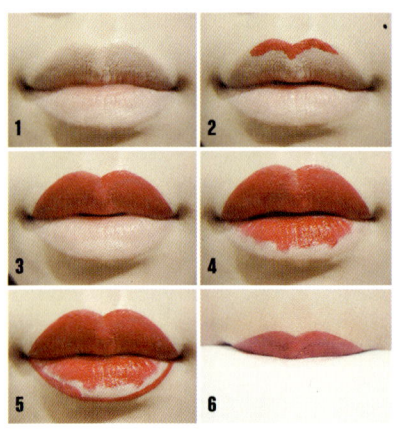

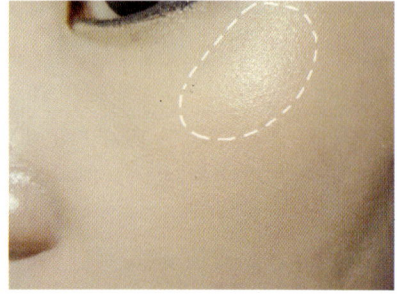

블러셔는 아이섀도우와 비슷한 톤으로 연결되는 느낌을 주게 한다. 레드 립이 포인트이므로 다른 컬러들이 도드라지지 않게 하는 것이 중요하다. 하이라이터로 광택감을 주어 피부표현을 해주면 화려한 느낌을 줄 수 있다.

1. 입술선을 다시 재정비 하기 위해 립 컨실러로 베이스를 잘 깔아준다. **2.** 립 라이너를 사용하여 립 라인을 잡아주거나 립 브러시를 얇게 세워 립 라인을 잡아준다. 윗부분을 잡아줄 때는 입술산의 각도가 잘 살아나야 예쁜 립 메이크업을 할 수 있다. **3.** 라인을 그려주고 그 안을 채워준다. **4.** 아랫입술을 그릴 때는 입술 안쪽에서부터 바깥쪽으로 채워주듯이 메워 나간다. **5.** 라인을 잡아 빈 부분을 메워 나간다. **6.** 티슈를 베어물고 한번 찍어낸 다음 그 위에 다시 덧바른다.

완성된 메이크업

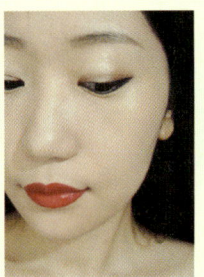

또렷한 눈매와 색종이를 오린듯한 퍼펙트한 립 메이크업이 포인트. 눈매는 자연스러운 음영이 져있고 눈두덩이와 광대뼈에 광택감이 흘러 덜 밋밋해 보이게 해준다.

의상 착용 후 블랙이나 레드 컬러의 옷과 매치하면 레드 립이 훨씬 더 돋보일 수 있다. 별다른 액세서리를 안해도 다른 메이크업으로 치장하지 않아도 레드 립 하나만으로도 뭔가 굉장히 많이 치장한 듯한 느낌을 줄 수 있다.

페이스 차트

메이크업에 사용된 제품들

1. 파운데이션: 디올 누드 스킨 플루이드 파운데이션 **2.** 아이섀도우: 부르조아 스모키 아이즈 04호, 루나솔 쉬어 긴트라스드 아이즈 브론즈 코랄 **3.** 아이라이너: 네이처 리퍼블릭 웰루킹 젤 아이라이너 펄 블랙 **4.** 마스카라: 키스미 히로인 볼륨 & 컬 마스카라 **5.** 하이라이터: 토니모리 쉬머 마블 블러셔 5호 골드 쉬머 **6.** 립: 부르주아 쏘 델리케이트 54호, 에뛰드하우스 청순거짓 립 컨실러

9. 입술로 시선집중, 립 그러데이션

그러데이션은 아이, 치크 메이크업, 네일의 기법에만 존재하는 것이 아니다. 립 메이크업을 할 때도 그러데이션이 적용될 수 있다.

도톰한 입술이 아닌 소세지 내지 순대 정도 느낌의 두툼한 입술은 립 메이크업할 때 빛을 발하지 못한다. 안젤리나 졸리는 예쁘기만 하지 않냐 하시겠지만 도톰한 것과 두툼한 것과는 다르다. 입술 두께 때문에 콤플렉스를 가지고 있다면 립 그러데이션으로 커버하는 것이 좋다. 입술 안쪽에서 바깥쪽으로 갈수록 점점 컬러가 옅어지게 표현함으로써 입술이 얇게 보이는 착시효과를 주는 것이다. 입술이 얇은 사람들이 할 경우 펭귄 같거나 얍삽해 보일 수 있으므로 자

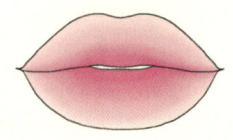

제해야 한다.

　한 가지 색을 단색으로 바르는 립 메이크업은 깔끔하고 강렬해 보이는 반면 립 그러데이션은 은근하면서도 튀지 않고 혈색을 준다. 또 자주 안 쓰는 짙은 또는 비비드한 립스틱을 사용할 수 있으므로 화장품 활용도가 높아지게 된다. 립 그러데이션을 할 때 대단한 화장품이 필요한 것은 아니고 집에 누구나 가지고 있을 제품들로 쉽게 할 수 있다는 것이 장점이다. 립스틱이나 틴트, 또는 파운데이션과 립스틱, 립 컨실러와 립스틱, 옅은 립스틱과 진한 립스틱, 이렇게 4가지 콤비 중 한 가지만 가지고도 립 그러데이션이 완성된다. 나는 우선 립 컨실러와 립스틱을 가지고 립 그러데이션을 해보겠다.

립 그러데이션 방법

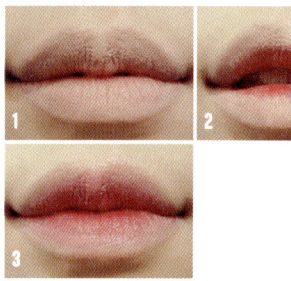

진한 립스틱을 사용할수록 그러데이션의 느낌이 훨씬 더 잘 살아 보인다. 레드 뿐만 아니라 핑크, 오렌지, 버건디 등 다양한 컬러로 립 그러데이션이 가능하다. 신비롭고 새초롬한 이미지 연출이 되어 메이크업에 자신의 개성을 담을 수 있다. 립 그러데이션이 잘 되기 위해서는 입술이 각질 없이 말끔해야 하므로 사전에 립 케어를 반드시 해주는 것이 좋다.

1. 립 컨실러로 입술색을 다운 시키고 입술 라인을 덮어 커버해준다. **2.** 립스틱을 입술 안쪽에서부터 발라 바깥쪽으로 자연스럽게 퍼지게 발라준다. 바깥쪽으로 갈수록 립 브러시에 묻어있는 립스틱의 양은 줄어야 한다. **3.** 경계가 지지 않게 경계진 부분은 깨끗한 립 브러시로 문질러주면 완성.

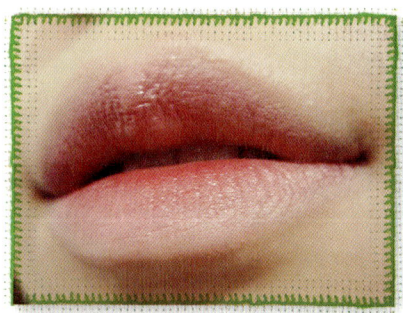

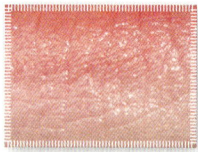

완성 메이크업

페이스 차트

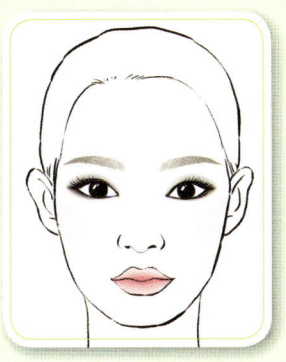

립 그러데이션을 할 때는 스모키 메이크업이나 선명하고 또렷한 라인 메이크업할 때 잘 어울린다. 스모키 메이크업을 할 때 대개 누디한 컬러를 바르는데 누디한 컬러가 너무 페일해 보인다고 느껴지면 립 그러데이션으로 색감은 많이 부각시키지 않으면서 혈색을 주면 된다.

메이크업에 사용된 제품들

1. 립: 에뛰드하우스 청순 거짓 립 컨실러, **2.** 랑콤 알솔뤼 루즈 175호 스모키 루즈

의상 착용 후 비비드한 옷이나 모노톤의 옷에 두루두루 매치시킬 수 있다.

10. 따뜻해 보이는
복숭아빛 **웜 메이크업**

겨울이면 더운 게 낫다, 여름이 되면 추운 게 낫다, 이러면서 변덕 아닌 변덕이 생기게 된다. 나이가 드니 주위 환경에 적응하는 것이 어찌나 더딘지 더운 것도 못 참겠고, 추운 것도 못 참겠다. 해가 갈수록 추위를 견디지

못한 나머지 생전 사용하지도 않던 장갑을 샀고 뚱뚱해 보인다고 입지 않던 패딩까지 구입해서 보온에 힘쓰게 되었고 멋보다는 따뜻함이 우선인 풍성한 머플러도 사서 얼굴의 반쯤을 가려 추위로부터 나를 방어했다.

그리고 또 하나의 따뜻해지는 방법, 바로 복숭아빛 웜 메이크업이다. 워낙 딸기우유 핑크를 좋아하긴 하지만

겨울에 바르기엔 뭔가 차갑고 추워 보인다고나 할까? 메이크업으로나마 따뜻한 컬러를 사용하여 따뜻해 보이는 뉘앙스를 풍겨볼까 한다. 따뜻한 색감으로 보는 사람까지 그 온기가 전해질 것 같은 웜 메이크업. 니트, 퍼, 알파카 소재의 아우터와 매치시키면 더 따뜻해 보인다.

파스텔 톤에 저채도. 거기에 난색 계열이 어우러지면 웜 톤을 연출할 수 있다. 색감이 많이 튀지 않고 톤온톤의 색감으로 동양인의 까다로운 얼굴 톤에 잘 어울리는 색감들이다. 옐로우 베이지 & 브라운의 웜 컬러가 얌전하고 차분하고 성숙한 이미지라면 오렌지와 피치의 웜 컬러는 밝고 화사하고 어려 보이는 이미지이다. 자신의 연령대나 패션 스타일에 따라 오렌지, 피치, 브라운이 어우러진 복숭아빛 웜 메이크업에 도전해보자.

베이스 메이크업

베이스는 얼굴의 자연스러운 피부 톤이 느껴지는 것이 중요하니 무조건 밝게 표현하려고 밝은 컬러만 사용하지 않는다. 안색을 너무 페일하거나 동동 떠 보이게 하는 잿빛의 비비크림이나 파운데이션은 삼가고 따뜻해 보이는 피부톤에는 옐로우 베이스의 파운데이션을 고른다. 너무 이질감 느끼지 않을 정도로 내추럴한 옐로우 톤의 파운데이션을 바른다.

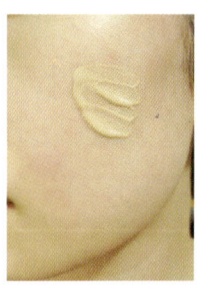

아이 메이크업

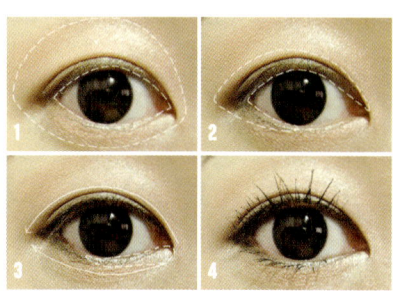

1. 피치 베이지 컬러의 아이섀도우를 눈두덩이와 언더라인에 베이스 컬러로 바른다. **2.** 차콜컬러를 쌍꺼풀 라인 위에 덧발라 자연스럽게 그러데이션 시키고 언더라인 끝부분도 살짝 발라 윗부분과 자연스럽게 이어준다. 피치 베이지 컬러가 주가 되어야 하므로 진한 컬러는 음영을 주는 정도로만 사용한다. **3.** 브라운 컬러 펜슬 라이너로 라인을 그려주고 눈꼬리는 너무 길게 내빼지 않고 언더라인은 얇고 가볍게 그려 윗라인과 이어준다. 언더라인 앞머리 쪽에 밝은 베이지 컬러의 아이섀도우를 발라줘서 밝고 화사한 느낌을 준다. **4.** 속눈썹을 뷰러로 찝은 뒤에 마스카라는 위, 아래로 발라주면 끝.

립 & 치크 메이크업

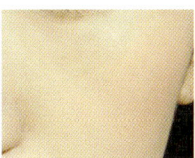

살구색의 블러셔를 광대뼈를 중심으로 사선형의 타원으로 발라준다. 매트한 느낌의 보송보송한 블러셔가 좀 더 앳되 보이고 따뜻한 느낌을 줄 수 있다.

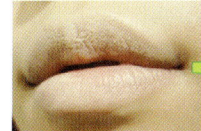 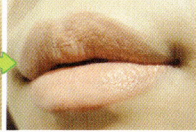

립은 피치 느낌을 잘 살리기 위해서 입술색을 커버해주려고 립 컨실러를 먼저 바른다. 그런 다음 피치 느낌의 립스틱을 덧발라주면 비비드한 느낌이 낮아지고 파스텔 톤으로 발색이 되면서 따뜻한 느낌으로 연출할 수 있다.

완성된 아이 메이크업

자연스러운 음영이 져있고 색감이 강하지 않기 때문에 데일리 메이크업으로도 손색없다. 메이크업을 진하게 하는 것이 어색한 사람들도 이런 아이 메이크업으로 시작하는 것이 부담이 덜 된다.

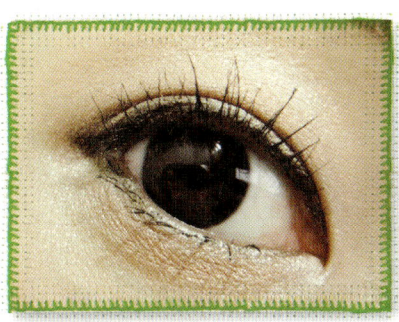

완성된 메이크업

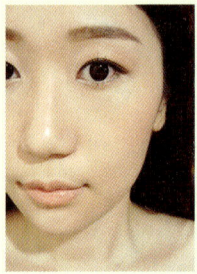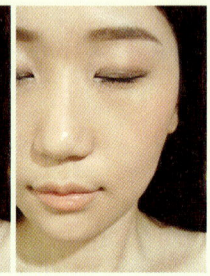

여성스러운 느낌은 물론 따뜻하고 화사한 느낌
까지 줄 수 있다. 눈썹도 브라운 컬러로 맞춰주
고 좀 두텁게 그려 이미지가 날카로워 보이지 않
게 해주는 것도 포인트다.

의상 착용 후 풍성
한 터틀 니트나 니트
머플러와 함께 매치
해주면 따뜻함이 배
가 된다. 순해 보이
면서 착해 보이고 인
정미 넘치는 다정한

인상을 줄 수 있기 때문에 첫인상이 좋아야 하
는 자리에 적당하다. 겨울동안 추위를 녹이는
보온 메이크업이 될 것이다.

페이스 차트

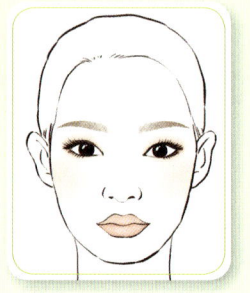

메이크업에 사용된 제품

1. 파운데이션: 부르조아 10시간 파운데이션 72호
2. 아이브로우: 클라란스 아이브로우 팔레트, 이니스
프리 아이브로우 마스카라 **3.** 아이라이너: 미샤 더 스
타일 듀얼 아이팁 GL01, 토니모리 크리스탈 아이 데
코레이션 브라운 **4.** 마스카라: 투쿨포스쿨 아이레
슨 올 어바웃 마스카라 **5.** 아이섀도우: 라네즈 디자
이닝 아이즈 섀도우. **6.** 블러셔: 슈에무라 글로우 온
MPeach 44 **7.** 립: 에뛰드하우스 청순 거짓 립 컨실
러, 입생로랑 144호

11. 완벽한 피부 표현, 물광&윤광

최근 메이크업의 트렌드는 자연스러운 피부 표현, 결점 없는 완벽한 피부 표현에 있다. 절대 두꺼운 화장은 삼가라는 말씀. 브랜드에서도 다양한 수식어를 붙인 피부 상태로 소비자들을 유혹한다. 물기가 차올라 물이 뚝뚝 흐를 듯한 느낌의 물광 피부, 은은한 광택으로 매끈한 느낌의 윤광 피부, 무결점의 가볍고 완벽한 HD피부, 쫀쫀하고 탱탱한 느낌의 모찌 피부. 파운데이션이나 비비크림, 메이크업베이스, 프라이머 등 피부 표현을 하는 제품들에 대한 질문의 비중이 굉장히 큰 걸 보면 컬러풀한 색조제품 못지않게 완벽한 피부 표현을 위한 관심이 예전보다 더 커진 것이 사실이다. 베이스가 잘 다져져야 이후에 얹어질 색조들이 더 예쁘게 발색될 수 있으므로 그 어떤 단계보다 공을 들여야 한다.

보송보송 솜털이 살아나는
앳된 피부 표현

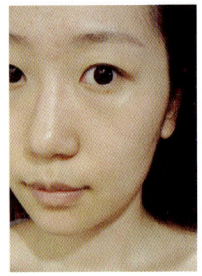

1. 맨 얼굴 상태이다. 기초는 보습력이 탄탄하게 마무리해준다.

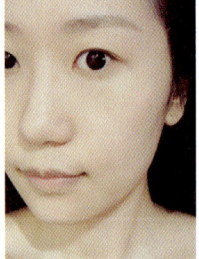

2. 매트하고 파우더리하게 마무리되는 파운데이션을 발라 기본적으로 보송보송한 텍스처를 만들어준다.

3. 퍼프에 파우더를 발라 얼굴 전체에 가볍게 발라준다. 퍼프로 바를 경우 커버력 있게 발리지만 화장이 두꺼워 보일 수 있으므로 파우더의 양 조절이 중요하다.

이런 보송보송 매트한 피부표현은 지성 피부의 유분을 조절해줘서 지성 피부에게 잘 맞고 번들거림을 줄일 수 있다. 하지만 건성 피부에게는 얼굴이 건조해 보이고 푸석푸석해 보일 수 있으니 삼가는 게 좋다. 파우더를 전체적으로 한 번 더 덧발랐기 때문에 화사하고 피부의 요철이나 결점을 많이 커버해줄 수 있다는 장점이 있다.

은은한 광택의
윤광 피부

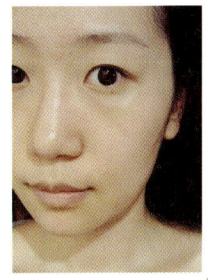

1. 보습 중심의 스킨케어를 해준다.

물광 피부 뒤를 이은 윤광 피부. 처음에는 물광을 따라한 듯한 단어에 코웃음을 쳤지만 보송보송한 피부와 물광 피부의 중간단계로 과하지 않게 얼굴에 볼륨감을 주고 피부가 매끄러워 보인다. 지성 피부, 건성 피부 모두 무난하게 연출해주기 좋다.

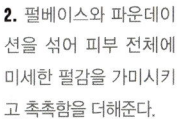
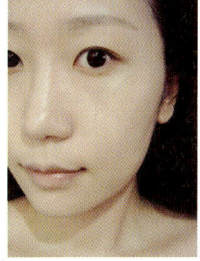

2. 펄베이스와 파운데이션을 섞어 피부 전체에 미세한 펄감을 가미시키고 촉촉함을 더해준다.

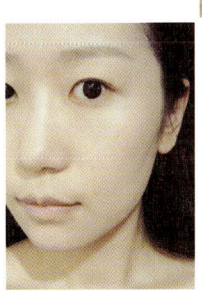

3. 파우더 타입의 하이라이터를 T존, C존을 중심으로 발라 광택감을 더한다.

촉촉한 수분감이 느껴지는
물광 피부

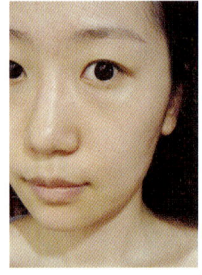

1. 보습 중심의 스킨케어를 해준다.

2. 펄감이 있거나 촉촉한 텍스처의 수분감있는 파운데이션을 발라주면 기본적으로 촉촉한 느낌의 광택을 느낄 수 있다. 하지만 너무 끈적끈적하므로 페이스라인 바깥쪽으로 파우더를 발라주는데 브러시에 묻혀 가볍게 쓸어준다.

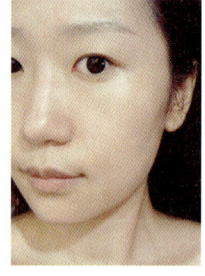

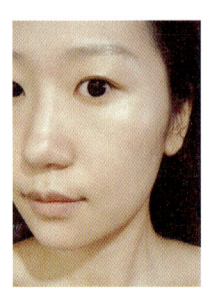

3. 크림타입이나 리퀴드 타입의 하이라이터를 T존, C존을 중심으로 발라준다.

물광 피부는 몇 년간 큰 유행이었고 이후에 더 다양한 피부 표현 트렌드를 만들어낸 시초이기도 하다. 광고나 화보에서 늘 돋보였고 화장을 하는 여자들이라면 누구나 따라하고 싶어 했지만 현실적으로 일상에서는 실용성이 없다는 것이 문제다. 화보처럼 물이 뚝뚝 흐를 것 같은 촉촉해 보이는 피부는 현실에서는 끈적끈적해서 오래 버티기 힘들다. 물광이 돋보일 수 있는 광대뼈나 T존을 제외한 U라인에 파우더를 묻힌 브러시로 가볍게 커버해주거나 깨끗한 퍼프로 두드려 끈적임을 줄여주면 좀 더 버티기 쉽다.

12. 2kg 줄어 보이는 바디 메이크업

  겨울 내내 꽁꽁 감춰두었던 팔, 다리를 노출해야 할 때, 쑥쓰러워 하지 말고 메이크업 트릭을 바디에도 응용해보자. 노출을 할 때 가장 걱정되는 것은 군살 때문에 축축 처져 보이는 바디라인. 복잡한 스킬이 없어도 슬림한 바디라인으로 눈속임할 수 있다. 여자 가수들이 무대 위에서 매끈하고 탄탄한 바디라인을 뽐내는 것은 물론 기본적인 바디라인이 받쳐주는 것도 있지만 바디 메이크업의 힘도 한몫한다. 노 프로그램에서 소녀시대 멤버들이 핫팬츠를 입을 때는 다리도 메이크업을 한다고 해서 주목을 받았다. 바디 메이크업은 다리뿐만 아니라 팔, 쇄골에도 적용이 되며 섹시하게 또는 날씬하게, 건강하게 연출할 수 있다.

바디 메이크업 제품

{ 펄 스프레이 }

바디에 펄을 바르는 것이 가장 기본적인 바디 메이크업 노하우. 펄이 가미되어 돌출된 부분에 하이라이터 효과를 주기 때문에 탄탄하고 볼륨감 있어 보이는 효과를 준다. 스프레이 타입의 제품은 가볍게 뿌려주기만 하면 되므로 사용이 쉽고 간편하다. 또 수분공급도 되기 때문에 푸석푸석해 보이는 피부에 효과적이다.

{ 오일 }

오일 제품 또한 피부에 윤기를 주기 때문에 매끈한 피부 표현에 도움을 준다. 펄이 가미되지 않은 오일은 내추럴한 윤기를, 펄이 가미된 오일은 화려한 윤기가 더해진다. 손으로 바르고 난 다음 손에 묻는 잔여물 때문에 손은 꼭 씻어야 하고 끈적임이 있을 수 있어 다리 쪽 부위에만 바르는 것이 좋다.

{ 펄 파우더 }

퍼프가 달려있거나 브러시가 내장된 펄 파우더는 휴대가 용이해 수시로 펄감을 더해줄 수 있어서 좋다. 오일 제품과 비교했을 때 끈적임이 없어 산뜻한 사용감이 좋고 사용이 간편하다. 펄 스프레이나 오일에 비해 분포되는 면적이 작기 때문에 쇄골 부위에 사용하기에 알맞다.

{ 브론징 젤 }

건강한 구리빛의 피부 톤을 표현하기 위한 방법. 브론징 젤 또는 로션을 바르면 즉각적으로 구리빛 피부로 변해 건강하고 탄력있는 바디라인으로 연출할 수 있고 하얀 피부보다는 좀 더 슬림해 보이는 효과를 줄 수 있다.

바디 메이크업 효과

팔뚝에 축축 처진 살을 커버하려면 바디 스프레이를 뿌려 탱탱한 느낌의 팔뚝으로 보이게 한다. 펄감이 있고 없고에 따라서 그 효과는 천지 차이! 여름철 민소매 옷을 입을 때 조금만 신경 써도 평소와는 다른 라인을 연출할 수 있을 것이다.

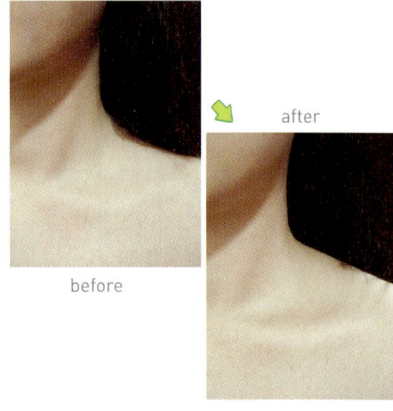

before

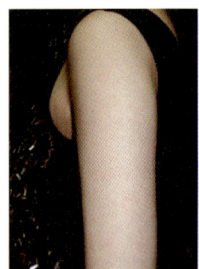

before

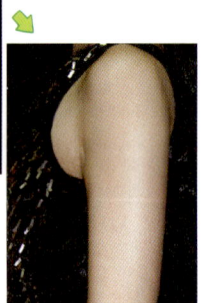

after

깊이 패인 옷을 입었을 때 드러나는 쇄골 또한 여자들의 또 하나의 액세서리. 살에 파묻혀 고이고이 잠든 쇄골도 펄감을 더해주면 평소보다 훨씬 더 도드라지게 된다. 자연광에 반사되면 그 반짝임이 더욱 아름다울 것이다. 더 이상 쇄골과 숨바꼭질 하지 말고 펄 파우더를 발라 잠들어 있던 쇄골을 깨워주자.

다리에 윤기있는 텍스처만 줘도 달라 보인다.
다리뼈를 중심으로 오일을 발라주면 다리가
곧고 매끈해 보이는 효과를 줄 수 있다. 다리
에 흉터가 있다면 유통기한이 다 되어가는 파
운데이션이나 컨실러를 발라 커버해 주는 것
도 좋다.

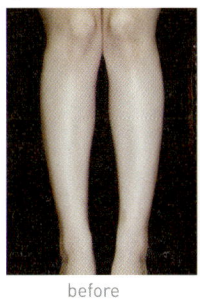

after

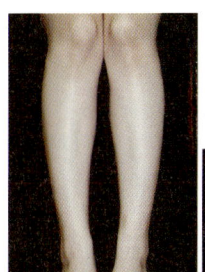

before

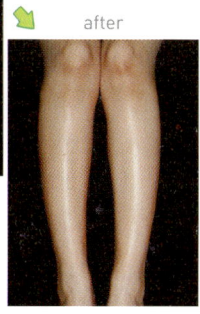

before

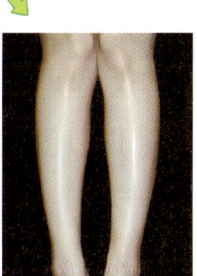

after

겨울 내내 꽁꽁 숨어있던 다리는 화이트닝 효
과 제대로 누린 상태. 새하얀 피부는 모든 여
자들의 로망이지만 여름이 되면 새하얀 다리
는 반갑지 않다. 브론징 젤을 스펀지로 발라주
면 건강하고 탄탄한 느낌과 슬림한 효과를 얻
을 수 있다. 주의할 점은 발라주기 전에 미리
각질제거를 해줘서 브론징 젤이나 로션을 바
를 때 밀리거나 뭉치는 일이 없도록 해야 한
다. 거친 피부 상태에서 바르면 얼룩덜룩하게
발리므로 바를 때 각별히 신경을 써야 한다.

5. 진짜 고수만 아는
메이크업 탑 시크릿

1. 나에게 맞는 컬러를 찾자

메이크업은 컬러와의 싸움이다. 잘 고른 컬러 하나가 열 번의 성형수술 부럽지 않은 법. 자신에게 맞는 컬러로 메이크업 하면 얼굴의 단점을 보완해줄 수 있다. 다크서클이나 주름, 광대뼈나 처진 얼굴라인, 칙칙한 피부 등의 콤플렉스를 커버해 어려 보이고 호감가는 인상으로 만들 수 있다. 메이크업뿐만 아니라 패션에서도 컬러 선택은 중요하다. 딸기우유색 립스틱이나 누디한 립스틱, 살구색 립스틱이 유행이라고 해서 무조건 바르고 다녔다간 주위의 거부감만 살 뿐이다. 또 노랑색 가디건이 유행이라고 해서 다 나에게 어울리는 것도 아니다. 내가 좋아하는 컬러와 나에게 어울리는 컬러는 다를 수 있기 때문에 그 사이에서 너무 방황하지 말자.

아이섀도우, 볼터치, 립스틱 하나하나 나에게 맞는

컬러를 골라야 내 얼굴에 착착 감기듯 소화해낼 수 있다. 미묘한 착시효과로 '오늘은 뭐 때문인지 모르겠지만 더 예뻐보인다'라는 말을 듣게 하는 힘이 바로 컬러이다. 먼저 어울리는 컬러를 고르기 전에 자신의 얼굴 타입을 파악해야 한다. 웜 톤, 쿨 톤 테스트가 가장 간단한데 내 얼굴톤이 차가운지 따뜻한지 확인할 수 있다.

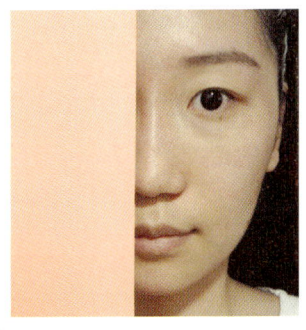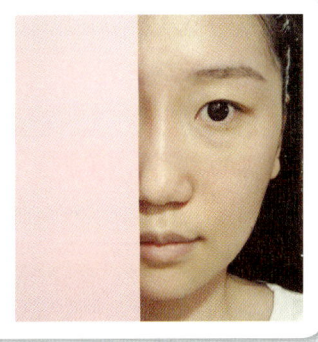

화장하지 않은 자신의 얼굴 위에 따뜻한 피지 톤의 종이와 차가운 핑크 톤의 종이를 얹어 두고 자신의 피부색이 어떤 경우에 더 밝고 화사해 보이는지 본다. 나 같은 경우에는 핑크색 종이를 대었을 경우 얼굴이 하얗고 화사해 보인다. 그러므로 나는 쿨 톤의 피부다. 쿨 톤의 피부는 핑크립스틱, 핑크 블러셔, 블루 & 라벤더 계열의 아이

새도우, 실버 도금의 액세서리가 어울린다. 웜 톤의 피부는 베이지립스틱, 살구립스틱, 오렌지 블러셔, 골드 & 브라운계열의 새도우, 골드 도금 액세서리가 어울린다. 또다른 방법은 사람의 얼굴 타입을 봄, 여름, 가을, 겨울로 나누는 것이다. 기본적으로 이 네 타입에 자신은 어느 쪽에 더 가까운지만 알아도 컬러 선택이 쉬워진다. 그 이후에 눈동자, 모발, 피부색을 파악해보자.

평소 입는 옷 또는 천을 다양한 컬러별로 준비한 다음, 메이크업을 하지 않은 상태로 거울 앞에서 하나씩 얼굴과 매치시켜본다. 자신에게 잘 어울리는 색이 닿으면 조명을 받은 듯 얼굴이 화사해지고 이목구비도 더욱 선명해 보인다. 나의 계절타입이 정해져서 맞는 컬러를 선택하는 것도 중요하지만 내가 봄 타입의 이미지라고 해서 평생 봄 타입으로 살 필요는 없다.

여름 타입의 이미지이고 싶을 때는 피부 톤을 여름 타입에 맞게끔 파운데이션을 바꿔 발라주면 되는 것이다. 블로그에 종종 메이크업을 포스팅할 때 "낭만소녀님은 어떤 컬러든 다 잘 받으셔서 좋으시겠어요."라는 부러움을 받곤 하는데 그게 바로 파운데이션의 컬러 선택을 어떻게 하느냐에 달려있다. 쿨 톤의 피부이기 때문에 베이지나 살구색이 잘 안 어울리는데 그때마다 노란기가 있는 파운데이션으로 쿨 톤의 피부를 커버하는 것이다. 이게 바로 모든 색이 어울리게끔 만드는 나의 비법이랄까?

봄 타입

웜 톤. 피부가 밝고 환한 옐로우 베이스. 아이
보리에 가깝고 살구빛 홍조를 띄어 화사하고
따뜻하고 생기 넘쳐 보인다. 모발은 밝은 갈색,
눈동자 또한 갈색인 경우가 많다.

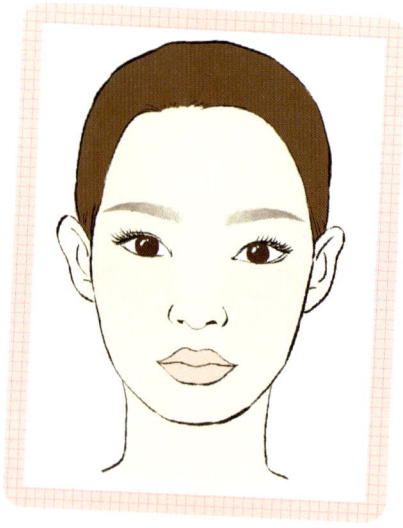

어울리는 컬러 명도가 높고 따뜻하고 화사한
느낌의 아이보리, 피치, 코랄, 옐로우, 라이트
그린 컬러가 잘 어울린다. 반면에 쿨 톤의 비비
드한 블루, 블랙, 화이트는 피하도록 한다. 활동
적인 캐쥬얼, 스포티한 패션 스타일이 어울리
며 골드 도금의 액세서리가 얼굴에 잘 받는다.

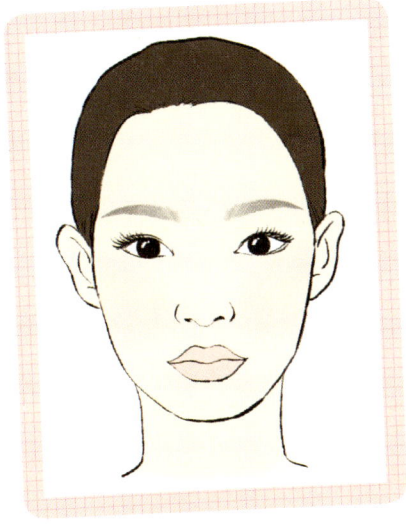

여름 타입

쿨 톤으로 창백하고 하얀 피부이거나 붉은기가 도는 피부에 회갈색에 가까운 모발 컬러와 검거나 짙은 갈색의 눈동자를 가진 경우가 많다. 차가워 보이면서도 우아하고 낭만적인 이미지의 인상을 가지고 있다.

어울리는 컬러 명도가 높고 채도가 낮은 핑크, 실버, 스카이블루, 라벤더 컬러가 잘 어울린다. 반면에 비비드하고 웜한 느낌의 골드, 딥그린, 오렌지, 옐로우는 피한다. 심플하고 모던하며 엘레강스한 패션 스타일이 어울리며 무광의 백색 도금의 액세서리가 얼굴에 잘 받는다.

가을 타입

웜 톤으로 노란기가 도는 황갈색 피부이고 혈색이 적은 편이고 눈동자와 모발도 짙은 황갈색을 가진 경우가 많다. 부드럽고 지적인 인상을 준다.

어울리는 컬러 옐로우를 바탕으로 하는 골드, 와인, 딥 브라운 계열이 잘 어울린다. 반면에 쿨 톤의 화이트, 실버, 블루, 그레이 계열은 피한다. 쉬크, 내추럴, 클래식, 에스닉한 패션 스타일이 어울리고 무광, 금 도금의 액세서리가 어울린다.

겨울 타입

쿨 톤으로 이목구비가 강하고 뚜렷해 보이며 붉은기가 살짝 있는 피부로 검은 눈동자에 검은 모발 컬러를 가진 경우가 많다. 차갑고 도시적인 인상이다.

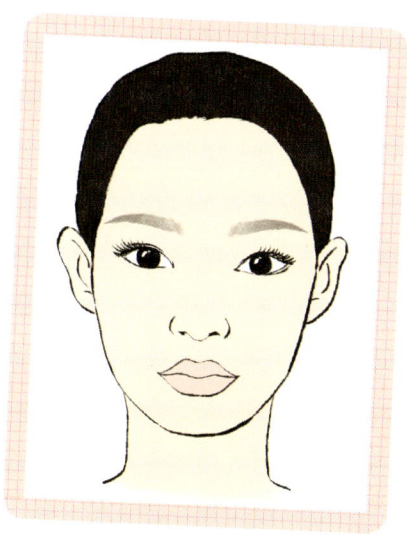

어울리는 컬러 채도가 높고 명도가 낮은 비비드한 쿨 톤이 안성맞춤! 블루, 퍼플, 바이올렛, 실버, 블랙이 어울리지만 비비드한 옐로우, 오렌지, 브라운과는 어울리지 않는다. 매니쉬, 섹시한 패션 스타일이 잘 어울리고 유광의 금, 은 도금의 액세서리가 얼굴에 잘 받는다.

2. 세련된
컬러 매치법

블로그 운영하면서 자주 받는 문의 중 하나는 바로 이것이다. "제가 이번에 ○○브랜드의 베이지 립스틱을 샀어요, 그런데 볼터치는 어떤 컬러를 사용해야 될지 모르겠어요." 또는 "언니! 요즘 유행하는 보라색 볼터치하면 눈이랑 입술화장은 어떻게 해야 해요?" 등등. 새로운 제품을 사면 자신이 가지고 있는 메이크업 제품의 컬러와 매치를 어떻게 시켜야 할지 난감해하는 분들이 많은 것 같다. 섀도우만 예쁜 것을 바른다고, 립스틱만 예쁜 컬러를 바른다고 예쁜 메이크업이 되지는 않는다. 음식도 메인 디쉬와 사이드 디쉬가 어우러져야 완벽한 맛을 연출해 주지 않는가.

섀도우, 치크, 립 컬러가 조화를 이뤄야 비로소 예쁜 메이크업이라고 할 수 있다. 그런데 이 컬러 조화를 맞추

기가 어렵다. 잘 어울리는 컬러 매칭룰을 안다면 메이크업 할 때 다음엔 어떤 컬러를 바를지 고민하면서 시간 낭비하는 일은 없을 것이다. 쉽게 메이크업 컬러를 고르려면 섀도우 컬러를 메인으로 지정한 다음 치크와 립 컬러를 정하면 좀 더 편하다.

핑크 룩

봄 시즌의 단골 컬러, 핑크 컬러 제품은 선호도가 높지만 아이섀도우로 사용할 때는 눈이 부어 보여 사용을 꺼려하기도 한다. 눈, 볼, 입술에 사용하는 핑크는 각각 다른 톤으로나마 변화를 주어 전체적인 핑크 느낌이 너무 공주풍스럽지 않게 보이도록 한다. 이 핑크 룩에는 라벤더 컬러가 더해져도 잘 어울릴 수 있다.

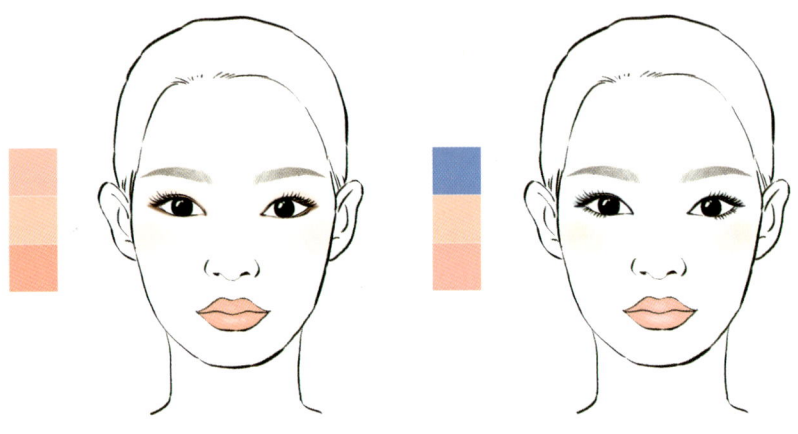

코랄 룩

코랄 컬러는 레드와 오렌지의 중간 느낌으로 혈색 있어 보이고 어려 보이는 느낌을 줄 수 있다. 하지만 붉은기가 있는 컬러이다 보니 촌스러워 보이는 것을 조심해야 한다. 코랄 아이 섀도우는 초코브라운 컬러와 블렌딩해서 색감을 중화시키고 치크와 립은 코랄 계열로 일치시켜 통일감을 줌과 동시에 화사함과 생기를 잃지 않게 한다. 봄, 여름 시즌에 하기 좋은 메이크업이다.

블루 룩

핑크 컬러는 톤온톤으로 비슷하게 핑크 컬러를 매치해주면 비교적 안전하게 조화를 이룰 수 있지만 블루 섀도우는 톤온톤으로 매치해줄 수 없다. 파란색 볼터치도 파란색 립스틱도 바를 수 없기 때문이다. 블루 컬러는 코랄과 오렌지 계열의 치크와 립 컬러를 매치해주면 경쾌하고 발랄해 보일 수 있다. 코랄과 오렌지 컬러가 피부에 자연스러운 혈색을 주면서 피부 톤에 자연스럽게 스며들면 블루 컬러의 아이섀도우가 포인트가 되어 돋보일 수 있다.

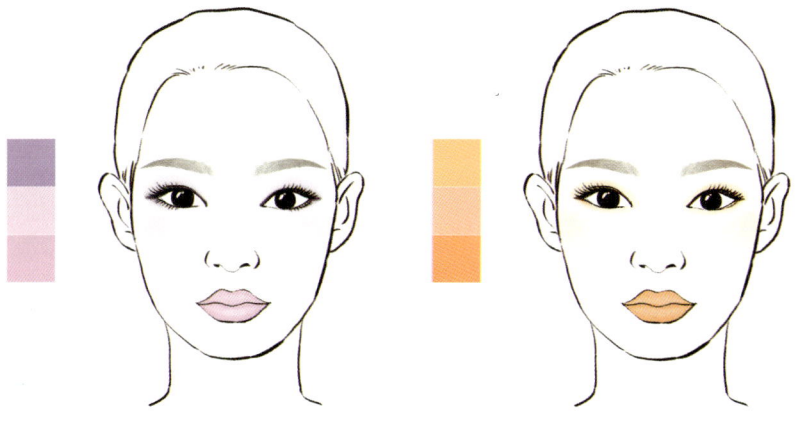

라벤더 룩

최근 들어 많이 사랑 받고 있는 라벤더 컬러, 보라색 계열은 왠지 메이크업에 있어서 금기시되고 절대 어울릴 일이 없을 줄 알았는데 보라기가 도는 핑크 립스틱을 시작으로 해서 보라기 있는 핑크 치크까지 인기를 휩쓸었다. 보라색의 섀도우를 골랐다면 그냥 일반 핑크보다는 저채도의 보라기가 도는 핑크 컬러를 골라 쿨톤으로 통일시킨다. 라벤더 컬러에는 핑크나 그레이 컬러가 가장 매치가 잘 된다.

오렌지 룩

코랄 컬러와 마찬가지로 생기 넘치는 컬러. 오렌지 섀도우를 골랐다면 피치나 오렌지 계열의 치크, 오렌지 톤의 립스틱과 매치한다. 섀도우 컬러는 너무 비비드하지 않게 옐로우 컬러와 같이 믹스해서 사용하면 좀 더 부드러워 보인다. 오렌지는 피치, 브라운, 골드 컬러와 매치해주면 조화롭다.

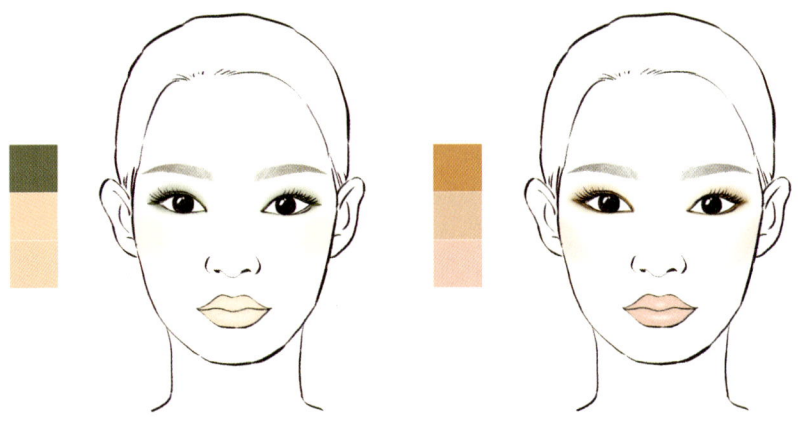

그린 룩

그린 계열에서는 카키 컬러가 섀도우로 많이 애용된다. 카키 컬러는 브라운, 베이지 컬러와 잘 매치된다. 카키 컬러 섀도우를 골랐다면 치크는 스킨 톤의 피치 컬러, 립은 옐로우베이지로 골라 카키 컬러의 그윽한 느낌을 극대화시킨다. 카키 컬러는 그린 계열이므로 옐로우 또는 베이지 계열의 치크와 립 컬러가 무난하게 매치되어 분위기 있는 가을 메이크업을 연출할 수 있다.

브론즈 룩

건강미와 섹시미의 상징 브론즈 컬러. 골드, 브라운, 베이지 컬러와 잘 매치가 된다. 브론즈 컬러 섀도우를 골랐다면 골드나 브라운 컬러와 그러데이션시켜 그윽한 깊이감을 준다. 컬러감이 두드러진 치크 컬러를 사용하는 것보다 평소 사용하는 브론징 파우더나 셰이딩 파우더로 음영을 주는 것이 좋다. 너무 붉은기가 있는 치크 컬러는 전체적인 메이크업을 촌스럽게 보이게 한다. 립 컬러는 핑크베이지 톤으로 혈색을 준다. 누디한 베이지 컬러도 잘 어울릴 수 있다.

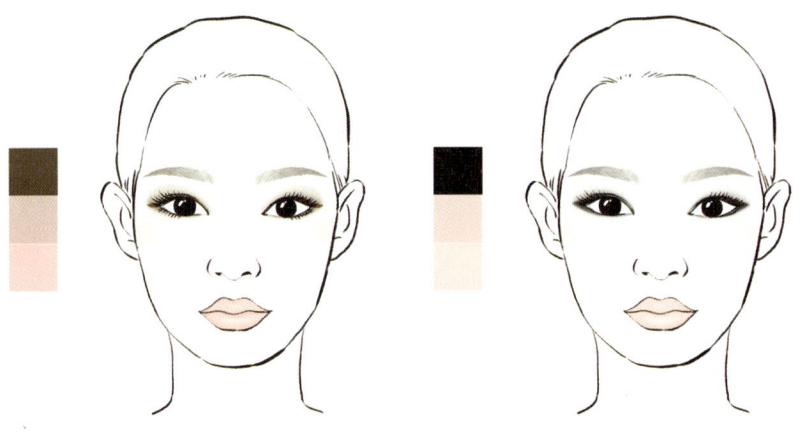

브라운 룩

대중적인 브라운 컬러. 붉은기가 도는 브라운
보다는 노란기가 많은 브라운 컬러가 아이섀
도우 컬러로 좋다. 브라운 아이섀도우를 골랐
다면 치크는 저채도의 모브컬러, 립은 핑크베
이지를 고른다. 여성스럽고 부드러운 이미지
를 부각시킬 수 있다. 인디핑크, 베이지, 브론
즈, 골드, 카키 컬러 등 매치가 되는 컬러가 다
양하다.

블랙 룩

블랙하면 떠오르는 스모키 룩. 스모키 메이크
업을 하기 위해 블랙 컬러 섀도우를 골랐다면
치크와 립은 당연히 누디 컬러. 색감이 많이 두
드러지지 않는 핑크나 베이지 컬러를 매치해
서 눈에 집중되도록 한다. 눈 이외에 다른 컬러
가 두드러지면 눈 따로, 볼 따로, 입 따로, 따로
국밥이 될 것이다. 블랙 컬러를 옅게 해 그레이
톤의 섀도우로 발색하면 립에 포인트 컬러로
핫핑크 같은 쿨 톤의 컬러를 바르면 좋다.

3. 내가 원하는 느낌으로
컬러렌즈 메이크업

시력이 안 좋은 이들에게 빛과 같은 렌즈. 무거운 안경을 내려놓고 첫 렌즈를 끼던 날, 그 가볍고 밝은 느낌이란 경험해보지 않은 사람은 모른다. 렌즈는 정말 내 눈과 같은 느낌을 줬고 안경 너머로 감춰졌던 내 눈이 빛을 보는 날이었다. 렌즈가 눈 건강에 유익하지만은 않다고 하지만 그래도 미용적인 면에서는 정말 만족스럽고 누가 만들었는지 엉덩이를 토닥토닥 해주고 싶다.

나는 평상시에 눈을 또렷하고 검게 보이도록 해주는 서클렌즈를 착용한다. 그 외에 컬러가 들어 있는 미용렌즈는 껴 본 적이 없는데 가끔 컬러렌즈를 착용하신 분들을 보면 잘 어울린다고 생각한 적도 있고 그렇지 않은 경우도 있었다. 눈동자 색이 헤어 컬러와 잘 어울리고 안 어울리고에 따라서 혹은, 렌즈 주위를 감싸는 아이 메이크

업이 잘 안 어울려서 컬러렌즈가
어색해 보이기도 했다.

　블루 렌즈를 착용하고 평소대
로 핑크컬러 섀도우를 바르면 자
연스럽지 못하고 눈동자의 블루
컬러가 도드라지고 무서워 보일
것이다. 기본적으로 어두운 헤어
컬러를 가지고 있기 때문에 기본
적으로 컬러렌즈 자체가 이질감이
느껴질 수 있다. 그런 느낌을 중
화시키기 위해서는 눈동자와 아이
메이크업 컬러를 통일시켜주는 것
이 좋다.

{ 그레이 렌즈 }
그레이 컬러의 렌즈는 컬러렌즈 중
그나마 덜 튀는 쪽에 속하고 도도하
고 차가운 분위기를 연출할 수 있다.
비비드한 컬러를 제외한 저채도의 컬
러, 피스텔 톤과 잘 이울릴 수 있다.
인디 핑크, 그레이, 바이올렛 아이섀
도우와 매치해주면 좋고 글리터리한
펄감의 라이너와 함께 하면 더 차갑
고 화려해 보인다. 치크와 립 또한 핑
크 톤으로 마무리하면 시크한 핑크
스모키 메이크업이 될 것이다.

{ 브라운 렌즈 }

동양인의 눈동자 컬러와 가깝기 때문에 이질
감이 제일 적은 컬러렌즈이다. 밝은 헤어 컬러
에 맞춰 눈동자보다 좀 더 밝은 브라운 컬러렌
즈를 착용했다면 두말 할 것 없이 브라운 메이
크업을 고수한다. 브라운 컬러가 노숙해 보일
것 같으면 베이지, 골드, 옐로우 라인의 웜한
컬러로 화사하고 밝은 분위기를 연출해도 좋
다. 아이브로우도 브라운 톤으로 통일하면 그
윽하고 지적인 눈매로 보일 수 있다. 피부 또
한 옐로우기가 도는 웜베이스를 만들어주고
오렌지 치크, 베이지 또는 코랄베이지의 립 컬
러를 발라주면 전체적인 색조 메이크업이 브
라운 렌즈와 어울릴 수 있다.

{ 그린 렌즈 }

그린 컬러의 렌즈는 동양인이 쉽게 도전하지
못한 컬러이긴 하지만 그래도 종종 보긴 봤다.
동양인의 얼굴에서 튀어 보이고 좋게 말하면
이국적인 느낌이므로 되도록이면 다른 컬러와
매치하지 말자. 최대한 내 눈처럼 자연스러운
눈동자를 만들기 위해서는 렌즈컬러와 비슷한
계열의 그린 아이섀도우를 발라 눈매 전체가
물 흐르듯 "초록이네"라고 느껴져야 한다. 굳
이 다른 컬러를 원한다면 옐로우나 라임 톤의
연하고 밝은 컬러와 매치하면 좀 더 상큼한 컬
러 매치가 된다. 치크와 립은 혈색이 좀 느껴
지는 누디한 컬러를 골라 눈매를 강조한다.

{ 블루 렌즈 }

블루 컬러의 렌즈는 여름이 되면 특히 많이 사랑을 받는 것 같다. 시원한 호수 같은 눈동자 컬러로 여름철에 밝아지는 헤어 컬러와도 잘 매치가 된다. 그래도 그린 컬러의 렌즈처럼 이국적인 느낌이라 섀도우 컬러 선택이 중요하다. 피부도 쿨 톤으로 하얗고 화사하게 마무리하고 화이트 & 블루를 믹스해준다. 여기서 비비드한 컬러보다는 저채도의 컬러가 떠 보이지 않고 안전하고 무난하게 렌즈 컬러의 이질감을 낮춰준다. 라인은 네이비나 블랙으로 딱 잡아준다. 눈에서 임팩트가 강하므로 아이나 립은 누디하거나 은은한 코랄 톤으로 마무리하면 되겠다.

{ 바이올렛 렌즈 }

신비로움의 상징 바이올렛. 렌즈를 끼는 것 자체만으로도 뭔가 마법을 부릴 것 같은 신비한 아우라가 뿜어져 나온다. 역시 저채도의 탁한 컬러를 고르고 스모키한 느낌의 그러데이션을 팍팍 넣어주면 깊이감이 배가된다. 여기에 펄감을 얹어주면 청순미까지 더할 수 있다. 핑크 계열의 치크와 립 컬러로 마무리하면 전체적으로 여성스럽고 신비로운 이미지를 부각시킬 수 있다.

4. 아이라인의 달인이 되자

여자 연예인들의 변신 중 옷, 헤어, 성형 변신도 있지만 메이크업으로 변신을 꾀하는 분들이 많다. 아이라인으로 캐릭터를 다르게 보이게 해서 드라마나 무대에서 새로운 모습을 선보인다. 연예인 뿐만 아니라 우리 같은 일반인들도 라인 하나로 변신이 가능하다.

평소 즐겨하는 라인에서 벗어나 각도나 두께를 조금만 달리해도 달라진 나의 모습을 남들이 먼저 알아볼 것이다. 아이라인을 어떻게 그려야 될지 모르겠다면 일러스트로 연출된 아이라인 스타일로 자신의 눈매가 어떤지 파악하고 어떤점을 보완하고 커버하고 부각시킬지 생각해본 다음에 라인 그리는 연습을 해보도록 하자.

나쁜 예

좋은 예

Tip box

아이라인 그리기 좋은 예 vs 나쁜 예
아이라인 그릴 때는 두께가 중요하다. 눈 앞쪽에서 끝
까지 똑같은 두께로 그리면 눈이 오히려 더 답답하다.
눈 앞쪽은 얇게! 뒤로 갈수록 도톰하게 그려야 자연스
럽고 눈매가 길고 깊어 보인다.

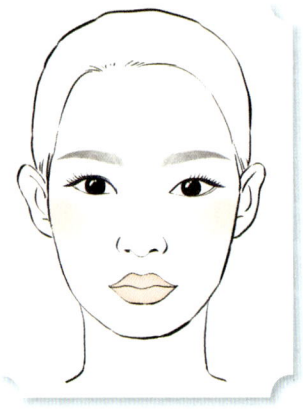

이 아이라인은 그냥 무난하고 평범한 베이직한 아이라인이다. 눈꼬리가 눈 끝에서 자연스럽게 연장된 느낌으로 내려와야지 각도가 너무 올라가거나 너무 쳐지면 자연스러운 눈매를 연출할 수 없다. 데일리 메이크업용 아이라인으로 적당하며 어느 눈 구조에나 무난하게 응용할 수 있다. 청순 또는 쌩얼 메이크업을 할 때 두께만 얇게 조절해주면 된다.

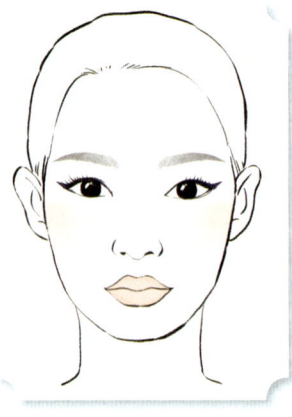

캣츠 아이 메이크업의 전형적인 라인. 이 아이라인은 눈꼬리를 꺾어 올려 날렵하고 성깔있어 보이게 한다. 〈아가씨를 부탁해〉 윤은혜 메이크업에서도 이와 같은 아이라인을 선보여 도도하고 까칠한 아가씨 분위기를 연출해주기도 했다. 눈꼬리가 처져 너무 우울해 보이는 눈매라면 눈꼬리를 살짝 올려 눈매를 보완해준다.

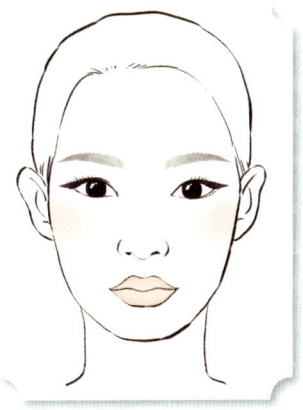

이 아이라인은 라인은 완만하게 거의 1자로 그리고 눈꼬리쪽을 두껍게 그려 눈꼬리쪽을 많이 강조했다. 눈의 가로 길이가 길어 보이며 언더라인을 따로 그리지 않아 윗라인만 강조되어 깔끔하고 임팩트 있어 보인다. 내가 종종 사용하는 방법인데 눈꼬리를 올려 라인을 그리는 것보다 덜 사나워 보인다. 눈의 가로길이가 짧다면 위와 같이 그려보자.

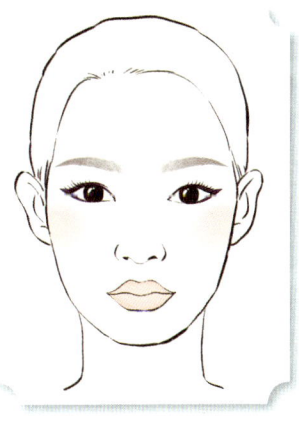

이 아이라인은 눈꼬리를 아주 살짝 올려 날렵하게 빼주고 언더라인을 끝부분만 그려 이어주었다. 언더라인을 그릴 때 앞쪽부터 끝까지 다 그릴 때보다 눈꼬리쪽 위 아래를 이어서 끝부분만 그려주면 덜 부담스러우면서 눈의 라인을 살려줄 수 있다. 미간 사이가 너무 가깝다거나 언더라인 다 그리기가 두렵다면 저렇게 끝부분만 이어서 그려주자.

이 아이라인은 언더라인과 윗라인을 두껍게 이어주고 윗라인만큼 언더라인이 많이 강조된 스타일이다. 눈매가 치켜 올라간 타입이라면 언더라인을 위로 치켜 올려 그리지 말고 좀 완만하게 아래로 각도를 꺾으면 눈매가 훨씬 순하면서도 라인이 또렷하게 보일 수 있다.

이 아이라인은 팜므파탈을 꿈꾸시는 분에게 강추. 언더라인과 윗라인을 이어 치켜 올려 그려주어서 성깔 있어 보이고 싶을 때, 강렬한 메이크업을 할 때 좋다. 또 눈의 앞꼬리 쪽에도 선명하게 라인을 이어 그려 앞 트임 효과도 있어 눈의 가로 길이가 짧거나 미간이 넓은 분들이 눈매를 보완할 때 응용할 수 있다.

5. 정교한 아이섀도우 테크닉

메이크업에 있어서 가장 정교한 손길을 요하는 부위는 바로 눈이다. 아이 메이크업을 할 때 필요한 제품만 해도 아이섀도우, 아이라이너, 마스카라 3가지 제품이나 필요하다. 특히 아이섀도우는 여러가지 색을 얼마나 조화롭게 사용하느냐, 어느 정도의 면적으로 사용하느냐에 따라서 성공 여부가 달려있다. 아이섀도우를 바를 때는 눈두덩이 중앙에서부터 좌우로 펴 바르면 쉽게 블렌딩 할 수 있다. 부어 있고 돌출되어 있는 눈매라면 이두운 컬러로 눌러주고 푹 꺼진 눈매라면 밝은 컬러로 도드라지게 한다. 아이섀도우는 2~3가지 정도의 컬러를 믹스했을 때 눈매의 색감이 안정되어 보이고 무난하게 연출된다. 다음의 기본적인 테크닉을 익히면 아이섀도우 그러데이션 테크닉은 식은 죽 먹기일 것이다.

Tip box

아이섀도우 명칭

1. 베이스 컬러
칙칙한 눈가를 보정하여 메인이나 포인트 컬러 발색이
잘 되도록 도와준다. 아이보리나 옅은 베이지, 핑크 정
도로 눈가 피부 톤을 고르게 한다. 반달 모양으로 펴 바
르거나 눈썹뼈까지 넓게 다 발라도 된다.

2. 메인 컬러
아이 메이크업의 가장 주가 되는 컬러. 눈을 떴을 때
2~3mm 보일 정도의 면적으로 발라준다.

3. 포인트 컬러
메인 컬러와 같은 계열로 더 짙은 컬러. 좁은 면적으로
얇게 바르면 눈매에 음영을 주어 또렷하게 보이도록
한다.

4. 하이라이트 컬러
베이스 컬러보다 더 밝은 컬러. 눈두덩이 중앙에 바르
면 눈두덩이가 볼륨감 있어 입체적인 눈매 연출에 좋
다. 눈 앞꼬리에 바르면 앞트임 효과가 있고 눈썹뼈에
바르면 얼굴이 입체적으로 보인다.

5. 언더 컬러
언더라인에 바르는 컬러. 베이스나 메인 컬러를 바르
는 것이 좋고 눈꼬리 쪽에는 포인트 컬러로 살짝 음영
을 주면 눈매가 깊어 보인다.

컬러를 바를때 1

아이섀도우 컬러 하나가 베이스에서 포인트 컬러까지 일당백의 역할을 해내야 한다. 자연스러운 그러데이션이 중요하다.

눈두덩이 아래에서 위의 방향으로 그러데이션 된 느낌. 메인 컬러 한 색을 바를 때 가장 기본적인 방법이다. 비록 한 가지 컬러지만 위로 갈수록 옅어져 눈매의 음영을 미세하게나마 표현할 수 있다. 언더라인은 얇고 옅게 발라준다.

눈두덩이 앞에서 뒤쪽으로 그러데이션 된 느낌. 눈의 앞쪽이 밝고 뒤쪽에 색감이 많이 치우쳐 눈매가 시원해 보이고 미세하게나마 눈매가 깊어 보이는 효과를 줄 수 있다. 언더라인은 얇고 옅게 발라준다.

컬러를 바를때 2

아이베이스와 메인 컬러, 메인 컬러와 포인트 컬러를 매치시켜 투 톤의 간단
하면서도 컬러 테크닉이 느껴진다.

메인 컬러를 눈두덩이
앞에서 뒤쪽으로 그러
데이션 하고 언더라인도
얇게 발라준다. 그 다음
포인트 컬러를 눈의 라인을 따라 얇게 발라주다가 뒤쪽으로 갈수록 넓은 면적
으로 발라 음영을 주고 언더라인도 아주 얇게 덧발라주어 입체적이면서도 깊
어 보이는 눈매로 변신한다.

메인 컬러를 눈두덩이와
언더라인에 단색으로 바
르고 포인트 컬러를 눈
두덩이 절반의 면적으
로 그러데이션 한다. 언더라인 눈꼬리쪽도 포인트 컬러로 음영을 준다. 또는
베이스 컬러를 단색으로 바르고 포인트 컬러를 눈두덩이 절반의 면적으로 그
러데이션 한다. 1: 1로 면적이 나뉘는데 색상대비가 많이 나는 컬러보다 톤온
톤으로 색감차이가 많이 나지 않는 것으로 고른다.

컬러를 바를때 3

눈매의 음영을 가장 안정적으로 표현해주고 아이 메이크업의 완성도가 높아
보인다. 이 테크닉에 컬러를 더하면 4~5가지 컬러도 소화할 수 있다.

눈두덩이에 베이스 컬러를 아래에서 위로 자연스럽게 그러데이션 하고 언더
라인도 가볍게 발라준다. 메인 컬러를 눈을 떴을 때 살짝 보일 정도로 덧바른
다. 포인트 컬러로 좁은 면적에 그러데이션 해주면 눈매가 또렷해 보이는 아
이 메이크업이 된다. 눈의 가로길이를 강조하고 싶을 때 하면 좋은 깔끔한 테
크닉이다.

눈두덩이에 베이스 컬러를 앞에서 뒤쪽으로 농도를 짙게 그러데이션하고 언
더라인에도 얇게 바른다. 메인 컬러를 눈두덩이의 3분의 2면적만큼 발라준

다. 그리고 포인트 컬러를 눈의 라인을 따라 뒤쪽으로 갈수록 넓은 면적으로
바르고 언더라인 눈꼬리쪽에도 이어서 발라준다. 그윽하고 깊이감 있는 눈매
로 연출된다.

눈두덩이에 메인 컬러를 아래에서 위쪽방향으로 그러데이션 하고 언더라인
에도 얇게 발라준다. 포인트 컬러를 눈 라인을 따라 양 옆으로 넓게 음영을
주고 언더라인도 얇게 덧바른다. 마지막으로 하이라이트 컬러를 눈두덩이 중
앙에 발라 눈두덩이를 도드라지게 만들어 볼륨감 있고 입체적인 눈매를 만들
어준다. 푹 꺼진 눈매에 효과적이다.

6. 얼굴형에 어울리는 **눈썹 그리기**

      얼굴 위에서 선을 표현해야 되는 일은 정말 어렵다. 아이라인이 그렇고 눈썹 그리기가 그러하다. 정말 단순할 것 같지만 절대 얕보면 안된다. 아이라인이나 눈썹은 미묘한 각도나 길이 때문에 인상이 확 달라 보일 수 있기 때문에 자신의 얼굴에 잘 맞게 완성하는 것이 중요하다. '연예인 누구누구 눈썹이 예쁘더라' 한다고 무작정 따라하지 말고 기본적인 눈썹 틀을 만든 후 내 얼굴형에 맞게 눈썹 모양을 리뉴얼하자.

Tip box

아이브로우 기본적인 눈썹 틀 만들기

눈썹 앞머리, 눈썹 산, 눈썹 꼬리는 아이브로우 관리에 있어서 꼭 인지해야 하는 포인트이다.

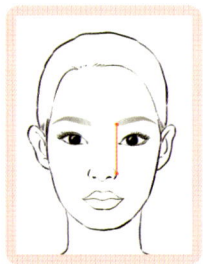

1. 눈썹 앞머리는 콧망울 안쪽과 수직으로 오도록 한다.

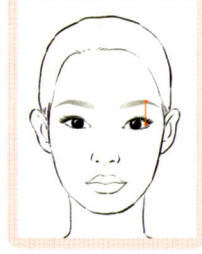

2. 눈썹산은 눈 앞머리에서 3분의 2 지점에 오되 가장 돌출된 눈썹뼈의 1mm 안쪽에 위치하도록 한다.

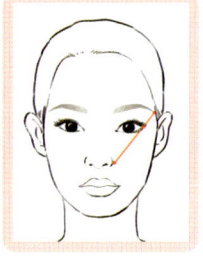

3. 눈썹의 길이는 콧망울과 눈꼬리의 연장 지점까지 적당하다. 또는 입 꼬리에서 눈꼬리의 연장 지점까지도 적용되며 얼굴형에 따라 조정한다.

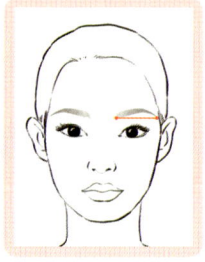

4. 가로로 선을 그렸을 때 눈썹 앞쪽과 눈썹 꼬리가 일직선상에 있어야 균형 잡히게 보인다.

위의 팁은 가장 기본적으로 알려져 있는 공식이다. 자신의 이목구비를 파악하고 가장 어울리는 눈썹 모양을 찾는 것이 중요하지만 처음부터 그러기는 쉽지 않으므로 기본적인 눈썹 모양이라도 잡고 싶다면 위의 공식을 이용하는 것도 나쁘지 않은 것 같다. 이렇게 기본적인 눈썹 테크닉을 익히고 나면 자연스레 자신의 눈썹 스타일을 찾을 수 있을 것이다.

얼굴형에 따른 눈썹 모양

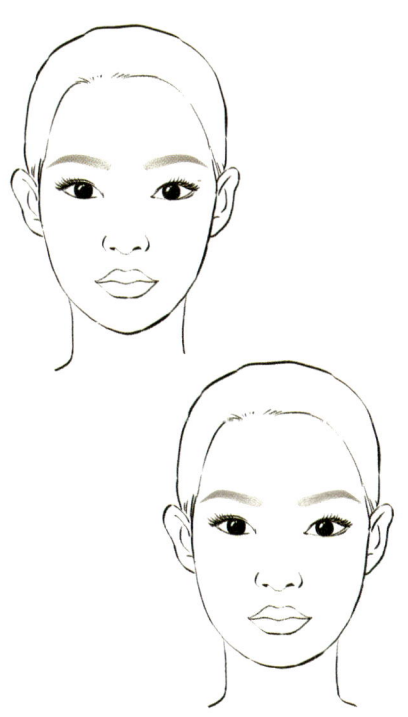

계란형 얼굴

계란형의 얼굴은 기본적으로 다 잘 어울려 메이크업 스타일에 따라 변화무쌍하게 다르게 표현해도 된다. 눈썹산을 살짝 둥글린 아치형의 눈썹이 가장 무난하다.

둥근 얼굴

볼살이 통통하게 오른 둥근형의 얼굴은 이미지가 너무 순하고 밋밋해 보일 수 있다. 눈썹산을 각지게 표현하여 둥글둥글한 이미지에 변화를 준다. 너무 얇은 두께는 얼굴 비례에 안 맞으니 적당한 두께로 눈썹을 채운다.

각진 얼굴

각진 얼굴형은 인상이 강해 보일 수 있으므로 부드러운 인상을 만들어 줄 수 있는 완만한 곡선의 눈썹이 좋다. 완만하게 그린다고 너무 1자형으로 그리면 오히려 얼굴의 각이 더 부각되므로 주의한다. 가늘게 그리는 것보다 두께감이 있으면 좋고 진한 컬러보다는 옅은 컬러를 발라 부드러운 인상을 준다.

역삼각형 얼굴

눈썹의 두께는 일반적인 두께보다 살짝 얇게 그리며 눈썹산을 눈썹 길이의 2분의 1 지점 정도로 지정하여 곡선을 준다. 부드럽고 여성스러운 느낌을 부각시키기 위해 각이 매끄러운 아치형의 눈썹을 선택한다.

긴 얼굴

긴 얼굴형은 얼굴폭이 좁아 보이는 느낌이기 때문에 직선형의 1자형 눈썹으로 얼굴의 가로길이가 넓어 보이게 한다. 두께는 너무 얇지 않게 하고 1자형을 그린답시고 눈썹 꼬리를 눈썹 앞머리보다 기울여 그리면 울상인 인상이 되니 1자로 그리되 눈썹 꼬리의 위치를 잘 마무리한다.

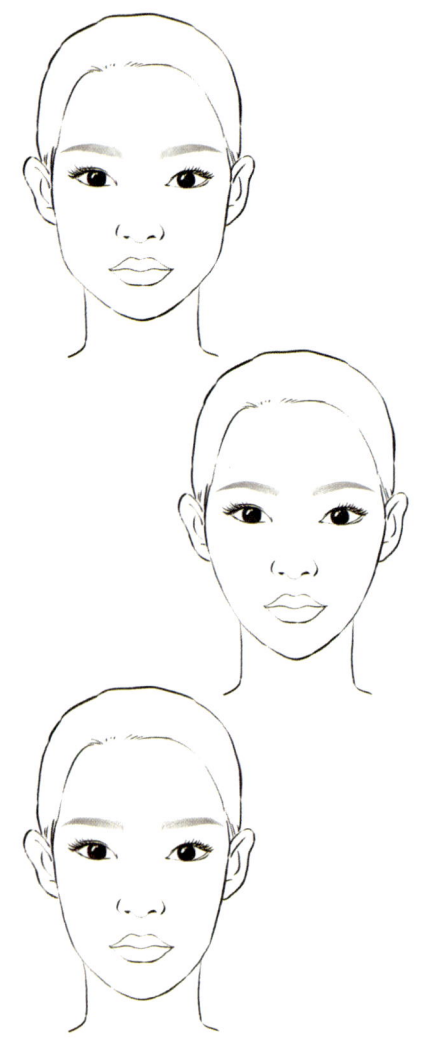

7. 샌들과 어울리는 페디큐어 컬러

　　여름은 바야흐로 샌들의 계절이다. 평소 나는 네일이나 페디큐어는 잘 하지 않는 편인데 샌들이나 토오픈 구두를 신을 때면 휑하고 썰렁한 발톱 때문에 뭔가 빠진 느낌이 들 때가 있다. 발톱이 예쁜 편도 아니고, 그렇다고 페디큐어를 하자니 막 기교가 있어 데코를 해줄 수 있는 것도 아니고 해서 기본적으로 샌들 컬러와 잘 어울리는 페디큐어 컬러를 찾아서 기본만은 지키자라는 생각이 들었다. 색색별로 샌들과 네일컬러가 갖춰졌다면 직접 발라보고 신고하겠지만 일러스트로 컬러매치를 간단하게 해봤다. 12가지 컬러의 샌들과 잘 어울리는 페디큐어 컬러를 찾아보자.

Tip box

페디큐어 TIP

1. 구두보다 발가락이 돋보이고 싶을 때는 채도가 높은 컬러(비비드 컬러), 구두에 시선이 머물게 하고 싶으면 채도가 낮은 컬러(탁한 컬러)를 발라준다.

2. 페디큐어 컬러는 전체 코디에서 가장 작은 부분을 차지하는 컬러와 맞춰준다.

3. 샌들과 페디큐어 컬러를 같은 색으로 통일했다고 해서 잘한 컬러 매칭은 아니다. 흰색 원피스에 흰색 샌들, 흰색 페디큐어 같은 단색 컬러 매칭은 지양한다.

4. 발가락마다 색색별로 바를 경우, 진한 컬러는 엄지, 중지, 새끼발가락에 발라주고 밝은 컬러는 중간 발가락에 섞어주어야 산만해 보이지 않는다.

5. 신발 바닥과 발등 위의 샌들 컬러가 다를 경우, 발등 위의 샌들 컬러나 바닥 컬러 둘 중 하나의 컬러에 맞춰주면 쉽게 매칭할 수 있다.

6. 여러 가지 컬러의 꽃장식이나 리본장식이 달린 샌들의 경우, 장식에 있는 컬러를 딱 하나 집어 그 컬러와 동일한 컬러의 페디큐어를 칠해주면 쉽다.

7. 보석이나 크리스탈 같이 화려하고 블링블링한 샌들에는 너무 강한 컬러는 사용하지 않는다. 보석 컬러와 동일한 계열로 사용하는 것이 좋다.

8. 발톱은 손톱에 비해 톤이 균일하지 않으므로 연한 컬러보다는 비비드하거나 불투명한 컬러가 더 잘 어울린다.

→ ✕✕✕✕✕✕✕✕✕✕✕✕✕✕✕✕✕✕✕✕✕✕✕✕✕✕✕✕

개인적인 느낌의 TIP이니 참고하여 페디큐어 컬러를 고르는데 도움이 되면 좋겠다. 네일제품을 보통 저렴한 제품 많이 구입하는데 싸다고 막 장바구니에 넣다 보면 어느새 몇 만 원이 되는 건 금방이다. 자신의 샌들 컬러나 옷이 어떤 것이 있는지 체크해보고 꼭 필요한 컬러만 구입 하는 것이 좋겠다.

Red

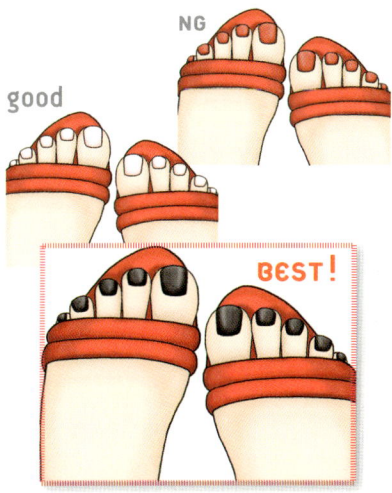

Orange

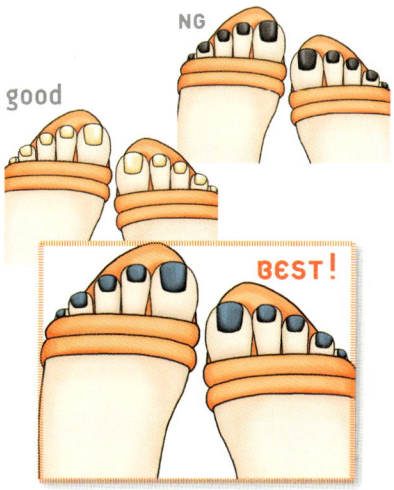

레드 컬러의 샌들엔 어떤 컬러의 페디큐어가 어울릴까 고민 좀 해봤는데 섹시한 느낌이 드는 블랙이 가장 잘 어울리는 것 같다. 레드와 화이트는 괜찮은 컬러 조합이지만 매트한 화이트보다는 펄감이 있는 진주빛의 화이트가 더 좋다. 엷은 핑크빛도 무난하게 매칭해줄 수 있다. 하지만 같은 계열의 레드끼리 매치해주는 것은 NG.

오렌지 계열의 샌들도 여름엔 시원해 보이고 상큼해 보인다. 이런 오렌지 계열의 샌들엔 베스트 컬러로 펄감이 있는 네이비 컬러를 꼽아보았다. 오렌지 계열의 샌들의 경우 파스텔 옐로우나 라이트 블루는 그냥 무난하게 소화한다. 블랙 컬러 등의 무채색에는 그다지 어울리는 것 같지 않는다. 오렌지 컬러 샌들에는 딥하면서 컬러감이 드러나거나 파스텔 계열을 사용해주는 것이 좋을 것 같다.

Yellow

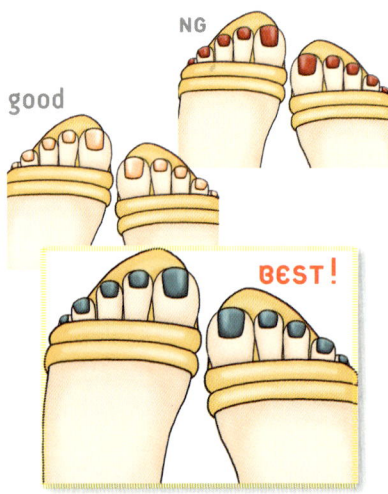

Green

옐로우 컬러 샌들 역시 여름과 잘 어울리는 컬러의 샌들이다. 물론 많이 신는 걸 보진 못했지만. 힐보다는 플리플랍 같은 플랫한 신발은 옐로우컬러를 고르면 귀엽고 발랄해 보인다. 옐로우 샌들엔 청록색, 피콕 그린 이런 류의 컬러가 잘 어울린다. 오렌지나 민트 컬러도 무난하게 잘 어울리는데 레드 컬러는 페디큐어나 샌들 컬러가 서로 튀려고 하는 것 같아서 권해주고 싶지 않다.

그린컬러의 샌들엔 형광 그린이나 라이트한 라임그린 컬러가 잘 어울리고 딥한 청록색도 시원해 보일 수 있다. 그리고 오렌지 컬러도 같이 매치해주면 프루티한 느낌으로 상큼해 보일 수 있다. 하지만 레드 컬러는 컬러 충돌이 심해 크리스마스 분위기가 나니 피해주어야 한다.

Blue

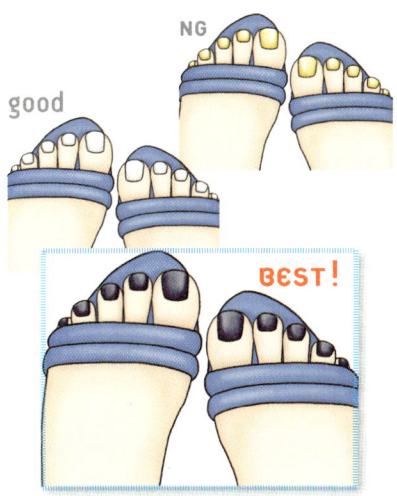

Pink

블루 컬러의 샌들은 블랙 드레스나 화이트 드 레스에 참 잘 어울리는 컬러의 신발이다. 블루 컬러의 샌들을 신을 때는 짙은 네이비 컬러가 잘 어울리고 펄이 들어가 있어도 좋을 것 같 다. 메탈릭한 실버나 화이트 컬러와 매치하면 마린걸 분위기로 시원하고 청량감 느껴질 수 있다. 옐로우 컬러는 보색 대비를 이루어서 너 무 튀고 촌스러워 보일 수 있으니 피한다.

연핑크의 페디큐어가 가장 무난하게 잘 어울 리고 바이올렛이나 민트 컬러, 파스텔 계열의 컬러와 매치하면 센스있어 보인다. 텍스저는 펄감이 있는 쉬머한 타입으로 고른다. 매트한 화이트 컬러는 발톱만 동동 떠 보일 수 있으니 피하도록 한다.

8. 가볍고 알차게
파우치 꾸리기

　나의 가방 속 필수 아이템. 지갑, 핸드폰, 카메라, 그리고 파우치. 파우치 하나쯤 안 가진 여자들은 없을 것이다. 나도 이래저래 모아 놓은 파우치만도 네다섯 개는 된다. 뷰티 빠꼼이들 사이에 유명한 베네피트 개비백을 시작으로 점점 파우치도 하나의 패션소품이라고 생각하게 되는 것 같다. 파우치는 처음에는 별 거 아닌 것 같은데 오래 들면 들수록 짐스럽게 무거워진다. 수정화장을 하기 위해 챙긴 화장품들이 짐이 되어 눈살을 찌푸리게 만들지 않으려면 현명하게 딱딱 필요한 것만을 골라 파우치 안을 재정비해야 한다.

　'필요할 것 같은데'가 아닌 '꼭 필요해'라고 생각하는 제품만 챙겨 다양한 상황에 맞는 가볍고 실속 있는 파우치를 만들도록 한다.

데일리 파우치

평상시 출근하거나 학교에 갈 때 어떻게 파우치를 꾸릴까? 데일리 메이크업 파우치는 아침에 사용한 메이크업 제품을 위주로 챙기고 더불어 수정화장에 용이한 아이템을 챙긴다. 이동하면서 가방을 들고 있을 시간이 많기 때문에 최대한 가볍게 챙기도록 한다. 또 부피를 줄이기 위해 각잡힌 파우치보다는 소프트한 소재의 패브릭 파우치를 선택하여 부피감이 작고 가방 안에서 이리저리 유동성있게 모양이 잡혀 가방 공간을 많이 차지하지 않게 한다. 수정화장에서 제일 먼저 사용될 오일 페이퍼, 드러난 잡티를 다시 가려주는 컨실러, 가볍게 화장을 고쳐주는 파우더, 입술에 빠르게 화장한 티 팍팍 내주는 립글로스를 넣어주고 아침에 사용했던 아이섀도우나 블러셔를 챙긴다.

바캉스 파우치

여름 휴가철 피서를 떠날 때 어떻게 파우치를 꾸려 갈까? 물기를 막을 수 있는 비닐 소재의 파우치를 고르고 브러시를 꽃을 공간이 있는 큰 사이즈의 파우치를 고른다. 장기간의 여행이 될 때는 스킨케어 제품부터 메이크업 제품까지 다 챙겨야 되는데 짐이 배로 늘어나니 평소에 받아 둔 샘플들을 활용하거나 공병에 평소 사용하던 제품을 덜어가는 것도 좋다. 또 팔레트 타입의 멀티 제품을 챙기면 한 제품으로 여러 스타일의 메이크업을 할 수 있으면서 제품 수를 줄일 수 있다.

피부의 적인 자외선을 수시로 차단할 수 있는 자외선 차단제, 뜨거운 태양에 지쳐 처지고 건조해지는 눈가를 보호할 쿨링 아이스틱, 지속력이 좋은 틴트, 피부에 수분감을 주고 메이크업을 고정해주는 메이크업 픽서, 자외선에 머릿결이 상하지 않게 할 헤어 미스트, 멀티 팔레트, 메이크업을 해줄 브러시를 챙기고 파운데이션류는 본품이 무겁고 부피가 크니 평소 화장품 구매하고 받은 샘플을 활용한다. 스킨케어도 평소 모아둔 샘플을 활용해서 무게를 줄인다.

기내 반입 파우치

기내에는 특히 화장품을 갖고 타기가 번거롭다. 액체, 셀류 제한 규제가 강화되어 자칫 압수낭할 수 있다. 1L의 비닐백에 100ml 이하의 용기의 제품들만 담아야 한다. 간단하게 건조한 기내 안에서 사용할 미스트, 립밤, 파우더, 또 장기간 비행시 세안하고 싶을 때를 대비해 클렌징 티슈 정도를 휴대하는 것이 좋겠다.

9. 실속 있는
화장품 쇼핑 노하우

경기가 안 좋을수록 외모를 치장하기 위한 지출이
줄어드는 법. 그래도 화장품만큼은 포기 못 하겠다면 지
금 나는 어디에서 어떻게 화장품을 쇼핑해야 되는지 고민
해보자.

오프라인으로
화장품을 구입할 때

오프라인에서 구입할 때는 직접 보고 직접 테스트해서 구입하므로 쇼핑 실패율이 낮다.

1. 백화점

백화점에서 화장품을 구입하는 것에 대해 두려워하는 분들이 많다. 물론 나도 사람들이 우글우글할 때 혼자 테스트해보다가 매장직원이 다가오는 것 같으면 "다음에 보러 올게요."라며 서둘러 자리를 뜬다. 매장직원이 무섭게 생겨서 그런 것이 아니라 열성적인 매장직원들의 제품 추천과 다양한 테스팅에 물건을 안 사면 미안해져 자리를 피하게 되는 것 같다.

하지만 자신에게 딱 맞고 어울리는 제품을 구입하려면 매장직원과의 충분한 커뮤니케이션이 이뤄져야 만족스러운 쇼핑을 할 수 있다는 걸 기억하자. 백화점 화장품 쇼핑의 가장 큰 장점은 프로페셔널하고 친절한 서비스이다. 자주 가는 백화점을 정해놓고 브랜드 매니저들과 친해지면 신제품 정보를 빨리 얻을 수 있고 다양한 행사나 이벤트 혜택이 주어질 수 있다. 그리고 선호하는 화장품 브랜드에 회원가입을 해두면 신제품 DM을 받아볼 수 있고 샘플이나 메이크업 컨설팅이 가능한 쿠폰도 함께 들어 있을 수 있다. 또 해당 백화점 카드를 만들면 DC가 가능하다.

2. 드럭스토어

왓슨스, 올리브영, W 스토어와 같은 드럭스토어. 화장품뿐만 아니라 간단한 음료, 이·미용 용품들이 가득한 곳이다. 또 생소한 브랜드 제품들이 많아 다양하게 접할 수 있어서 좋다. 백화점처럼 매장 직원이 옆에 붙지 않기 때문에 좀 더 편하게 제품을 구경하고 테스트해 볼 수 있다. 정가구입이고 별다른 샘플 증정이 없어 아쉽지만 국내 브랜드뿐만 아니라 백화점에도 없는 일본, 프랑스 등의 브랜드를 부담없이 테스트할 수 있다. 별다른 할인 제도가 없고 적립 카드를 만들어 놓으면 구매 실적에 따라 포인트를 사용할 수 있는 정도이다.

3. 방문판매 구입

요새는 화장품 판매 샵들이 많아 예전보다는 활발하지 않지만 예전에는 방문판매의 인기가 많았다. 아직도 엄마 나이대의 여성 소비자들은 방문판매를 이용하기도 한다. 말 그대로 판매자가 집으로 직접 방문해서 편하다는 장점이 있고 본품 양에 버금가는 푸짐한 샘플 폭탄을 맞을 수 있다. 샘플 사이에 본품이 껴 있는 것처럼 보일 정도이다. 또 화장품 판매와 함께 고객의 미용관리까지 챙기는 것도 장점이다. 하지만 별도의 할인 제도가 없어 가격 면에서는 메리트가 없다. 샘플과 서비스로 커버해야 한다. 또 잘 알려지지 않은 브랜드의 가격거품으로 인한 피해도 있을 수 있으니 신뢰 있는 판매자를 만나야 할 것이다.

4. 브랜드 로드샵

명동을 걷다 보면 브랜드 로드샵들이 즐비해 있다. 특히 저가 라인의 제품 브랜드들이 치열한 경쟁을 띄고 있는데 명동뿐만 아니라 번화가라면 어느 곳이든 찾아 볼 수 있다. 매장이 눈에 잘 띄고 가격대가 저렴하기 때문에 뜻하지 않게 충동구매를 할 때가 많다. 저가지만 이것저것 장바구니에 채우다 보면 그 가격도 무시하지 못한다. 브랜드 로드샵에서 구입할 때는 브랜드마다 할인 제도를 살펴보도록 하자. 이런 특별한 날에는 평상시보다 더 할인된 가격으로 제품을 구입할 수 있다.

미샤 미샤데이는 매달 10일 20% 할인! 온라인, 오프라인 모두 동일하게 적용. 또 상반기, 하반기에 각각 한 번씩 반값 할인까지 진행될 때도 있어 뷰티 빠꼼이들의 열렬한 사랑을 받고 있다. 훈샤라는 애칭까지 얻은 바 있다.

이니스프리 이니스프리 멤버쉽데이는 매달 말일 10%할인. 6개월간 10만 원 이상 구입 후 VVIP 등급으로 업그레이드되면 30% 할인쿠폰 전송.

에뛰드하우스 매장과 온라인사이트에서 시행되는 할인제도. 회원등급에 따라 할인과 적립이 되어 10~15%까지 할인받고 결제 금액의 3~5% 적립이 가능하다. 할인율이 다른 브랜드보다 작긴 하지만 회원가입만 해 두면 1년 365일 할인 받을 수 있다는 장점이 있다.

아리따움 1만 원 이상 구매 시 3천 원 할인 문자쿠폰 발송, 두 달 연속 구매 내역 있을 시 5천 원 할인 쿠폰 전송.

네이처 리퍼블릭 비정기적으로 50% 세일(온, 오프라인), 회원가입 시 매달 2천 원 문자쿠폰 전송.

뷰티크레딧 뷰티크레딧에서는 매월 마지막 주 금~일은 뷰티크레딧 커플데이. 30%할인! 온라인과 오프라인 따로 진행된다.

잇츠스킨 매주 토요일 게릴라식 30%할인쿠폰 랜덤 발송

홀리카홀리카 매달 27일 30%할인

토니모리 매월 마지막 주 금요일은 토니모리 프렌즈데이, 30% 할인. (위 브랜드데이는 수시로 변경 가능하니 홈페이지를 참고하세요.)

온라인으로
화장품 구입할 때

발품 팔지 않고 시간에 구애 받지 않고 쇼핑이 가능하지만 직접 테스트해볼 수 없어 구매할 시에 확신이 빨리 안 선다.

1. 백화점 쇼핑몰

롯데백화점, 현대백화점, 애경백화점, 신세계백화점, 갤러리아백화점은 온라인상에 쇼핑몰을 가지고 있다. 이 쇼핑몰에서는 백화점에서 파는 화장품들을 집에서 편하게 그대로 구입할 수 있고 백화점에서 사는 것보다 더 할인된 가격으로 구입할 수 있다. 대신 샘플이 없거나 적은 양이다. 적립금 즉시 할인이 가능하고 같은 계열의 신용카드가 있다면 추가 할인을 받을 수 있다. 또 온라인상에서만 구성된 기획세트나 1+1 구성이 많아 싸게 구입할 수 있는 기회가 많다. 겔랑, 슈에무라, 숨, 랑콤 등등 브랜드데이도 마련되어 있어 사은품을 더 챙길 수도 있다.

2. 구매대행 쇼핑몰

국내에 유통되지 않는 브랜드들도 포기할 수 없다. 국내 유통이 안되어 구입이 어려운 제품들은 구매대행 쇼핑몰에서 해결할 수 있다. 환율이 낮을 때는 싸게 구입 가능하고 환율이 높을 때는 가격이 비싸다. 수시로 가격 변동이 생기고 배송기간이 길다는 단점이 있긴 하지만 국내에서는 쉽게 접하지 못하고 희소성 있는 제품들을 편하게 구입할 수 있다.

3. 인터넷 면세점 구입

비행기 탈 일이 있으면 여행 못지 않게 기대되는 것은 바로 면세점 쇼핑. 구매 리스트를 작성한 다음에 면세점 홈페이지에 가입해서 주문을 한다. 온라인뿐만 아니라 백화점 내에 있는 면세점이나 시내에 있는 면세점에서 구입해도 된다. 면세점마다 가격 면에서 조금씩 다르니 비교해보도록 하자. 다양한 쿠폰이 있고 제휴카드 종류도 많아 항공마일을 적립해준다거나 구매 할인의 혜택을 받을 수 있다. 반면에, 면세점은 환율에 따라 가격이 수시로 변동하고 공항 이용객이 아닌 이상 면세점 구매에 한계가 있다는 것이 단점이 있다. 자주 면세점을 이용할 수 있는 것이 아니라면 계획을 잘짜 꼭 필요한 제품들을 알뜰하게 사오는 것이 좋겠다.

4. 홈쇼핑 구입

나의 지인은 이렇게 말했다. 홈쇼핑은 한번 보면 계속 보게 되고 중독적이라고. 나도 몇 번 보기는 했는데 홈쇼핑의 마력은 나에게 통하지는 않는 것 같다. 이상하게 난 중독이 안된다. 어쨌든 몇 번 홈쇼핑을 본 바로는 집에서 편안히 앉아 인터넷으로 구매하는 것보다 제품을 좀 더 생동감 있게 접할 수 있고 쇼핑호스트와 모델의 다양한 테스트를 통해 좀 더 디테일하게 살펴볼 수 있다는 장점이 있다. 그리고 푸짐한 세트 구성과 할인율에 추가 구성까지 있어 만족스럽다. 환불, 교환도 판매자의 눈치 안 보고 할 수 있다. 마음을 촉박하게 하는 자막과 쇼핑 호스트의 화려한 말솜씨에 휩쓸려 충동적으로 구매하는 것만 아니면 꽤 괜찮은 쇼핑 방법이다. 단품이 아닌 세트 구성이므로 나에게 필요 없는 제품까지 다 사야 된다는 것이 가장 큰 단점이다.

5. 공동구매

요즘 온라인 포탈 사이트 내 카페에서는 분할, 소분 구매가 인기이다. 메이크업 제품 한 개를 주구장창 계속 쓰는 것이 아니라 여러가지 제품들을 돌아가면서 쓰기 때문에 유통기한이 다 할 때까지 제품을 비워내기 어렵다. 그래서 온라인상에는 마음이 맞는 사람들끼리 모여 제품을 나눠 공병에 담아 나눠가지기도 하고 전문적으로 제품을 분할, 소분해주는 사람들도 생겨났다. 립스틱 분할부터 시작해서 크림섀도우, 립밤, 파우더, 아이섀도우까지. 안되는 분할, 소분이 없을 정도로 다양한 구성으로 분할을 해 인기가 굉장히 높다. 다만 일정 인원이 모여야 나눌 수 있기 때문에 사람이 모일 때까지 시간이 걸릴 수도 있다. 또 자체적으로 공동 구매를 진행해 시중가보다 더 싸게 구매하기도 한다. 쇼핑몰처럼 전문 판매점이 아니라 사기 위험이 있을 수 있으므로 믿을 수 있는 사람을 만나는 것이 중요하겠다.